1. T字迷路を歩くダンゴムシ（装置提供：滋賀大学　右田正夫氏）

2. ニンジンの窪みで身を寄せ合うダンゴムシたち

3. 前面①、側面②、背面③から見た個体

4. オス（左）とメス（右）

メスの体色は、全体に薄い茶色で、白や薄い黄色の斑点模様があることが多い。

ヤマケイ文庫

ダンゴムシに心はあるのか

新しい心の科学

Moriyama Tohru

森山徹

Y. L.

Yamakei Library

はじめに

ダンゴムシ——節足動物に属するオカダンゴムシ科の甲殻類。皆さんも草むらや庭石の裏などに潜む、あの黒光りする姿をごらんになったことがあるでしょう。

本書で私は、「心とは何か」という問いに、このダンゴムシという観察対象を用いたさまざまな実験によって、一つの解答を与えたいと思います。

それにしても、なぜ観察対象が「ダンゴムシ」なのか。読者の皆さんの多くは疑問を持たれるかもしれません。はたしてその理由は、「観察対象」という言葉は、「私たちが観察しうる、すべての対象」を意味するからです。ダンゴムシは、その代表として私に偶然選ばれたのです。

本文では、まず、さまざまな観察対象の心の存在を確認する方法論を、第一章で提案します。そして、この方法論の妥当性を、第二章で紹介されるダンゴムシを用いたさまざまな実験によって、具体的に検証します。実験の説明には、図をたくさん使いました。ですから、第二章を読み終えるころには、皆さんの多くが、「ダンゴムシには心がある」と、わだかまりなく口に出せるようになると思います。そしてそれが、本書の到達地点です。

しかし、この到達地点へやって来た皆さんに、私は次のような新たな一歩を踏み出していただきたいのです。「ダンゴムシに心はある。それはわかった。では、生き物以外の対象にも、心を見いだせるようになれるはずだ」と。

そこで、実は第一章が終わりにさしかかる部分に、「石の心」という一節を設けました。石に心を見いだせるのか。この節ではこの課題を取り上げました。これは、本書の最後に取り上げるべき課題だったのかもしれません。

しかし、ダンゴムシの心という到達地点に達する皆さんに、次の新たな一歩の原動力を、先に持っていて欲しかったのです。本書をぜひ、次の知的冒険の足がかりにしていただきたいのです。

ですから、もしこの「石の心」で立ち止まりそうになった方は、どうか本書を投げ出さずに踏みとどまって、まずは先へ進んでください。そして、第二章でダンゴムシの心を感じられた後で、ぜひもう一度、そこへ立ち寄ってください。すると、きっと、何かがストンと、腑《ふ》に落ちると思います。

ところで、この私はなぜ本書を書いたのか。それは、心の正体へ、単刀直入に、接近したかったからです。そして、「心とは何か」という問いへ興味を持つ皆さんに、私のその接近法が、時代や文化の違いを超えた、この問いへの解答の一つとなるかどうかを、考えてもらいたかったからです。

古くから、賢人や学者といわれた人々の頭を悩ませ続けてきた「心とは何か」という問題に、まだ四十年ほどしか生きていないこの私が、解答を与えます、と声を上げたところで、皆さんがそれを信じられないのも無理はないでしょう。しかし、分野や職業、老若男女を問わず、どんな人へも開かれてきたこの問いへの解答が、未だ得られていないのは、どうにも腑に落ちない、と私は感じるのです。

私は、これまでの心の研究の方法論に、異論を唱えるつもりは一切ありません。近年だけに注目しても、神経生理学や医学、脳科学の技術的、理論的発展は目覚ましく、それらは人間だけでなく、動物、しかも微小脳といわれる昆虫の脳にまで注目し、彼らの心に接近しようとしています。これらの研究の規模の大きさと進歩の早さには、目を見張るばかりです。

しかし、私は、これらの研究のいずれかに身を投じ、それを続けることで、「心とは何か」に対する答えが見つけられるような気がどうしてもしないのです。

皆さんの住む街に、ある日、見知らぬ人物が現れたとします。皆が、彼の正体を知りたいと思います。ある人はあらゆる角度から写真を撮り、またある人は生活を分析します。写真機の性能と撮影技術、生活の分析手法は日増しに向上するでしょう。

こうして膨大な、そして正確な彼の記録が集まります。しかし、肝心の彼の「正体」は、なかなか明らかになりません。記録の方法は適切で、その技術は進化し続けました。しかし、技術の進化とは裏腹に、皆さんは、その先に彼の正体をつかめる未来がなさそうなことを、薄々感じ始めるでしょう。そして、こう考えるでしょう。

彼の正体を知るには、今や、だれかが彼の肩を直接叩《たた》き、「こんにちは」と声をかけることが必要だと。

彼に気づかれないよう、彼を記録することは、観察者の影響を受けない手つかずの彼を知る最善の手段です。しかし一方で、最も知りたい彼の正体や本質を知ることはできません。声を直接かけられることで、彼の挙動や生活は、観察者の影響を受け変化するでしょう。

しかし、その変化とは裏腹に、正体は揺らぐことなく、現前するのです。揺らがないからこそ、現前するそれは、正体、あるいは本質と言われるのです。

私が採用した心の正体への接近法は、「観察対象を未知の状況へ置くこと」です。それは、心への声かけという単純な方法です。ただし、この方法の採用は、決して最新技術の単なる放棄、あるいは古い技術への回帰を意味しないことに、ぜひ注意してください。二〇一〇年、ダンゴムシの心、知能への接近法の理論に関する研究内容が、日本で開催された国際比較心理学会（15th Biennial Meeting of ISCP）の企画シンポジウムにおいて、審査の結果、公表の機会を得ました。また、トロントで開催された「意識の科学的研究のための学会（ASSC 14）では、ダンゴムシの「原意識（primary consciousness）」に言及する研究内容が、同じく審査の上、公表の機会を得ました。世界には、ダンゴムシの心に対する受け皿が、すでにできつつあります。

本書をきっかけに、多くの日本人が、当たり前に「ダンゴムシには心がある」と言えるような世の中になることを想像してみてください。痛快ではありませんか。そして何と平和的。さあ、皆さんの周りに立ちこめる閉塞感に、そろそろ風穴を開けてみようではありませんか。

ダンゴムシに心はあるのか●目次

第二章

ダンゴムシの実験

第三章 ダンゴムシ実験の動物行動学的意味

第四章 「心の科学」の新展開

第一章

心とは何か

——「心の定義」を提案する

心とは言葉である

「心とは何か」という問いをしばしば耳にします。しかし、そう問う以前に、私たちは日常生活のさまざまな場面で、心という「言葉」をすでに使っています。たとえば、「心を込めて」と言いながらだれかに贈り物を差し出します。このように心という言葉を聞いたり口に出したりするとき、私たちは何らかの概念を持っています。ただし、この概念は、たとえば「本とは何か」と聞かれたときに思い浮かぶ、本棚にある一冊の本、のような具体的なイメージではありません。それ故に、「心とは何か」と問われてもなかなか具体的な表現を与えることはできず、この問いはやっかいだ、難問だと思われがちです。

しかし、心という言葉から浮かぶ概念は、具体的ではなく、抽象的だからこそ、「心とは何か」「心はどこにあるのか」「動物やモノに心はあるか」といったさまざまな問いを生み出し、私たちの知的好奇心を駆り立てる源となってくれています。私も、そんな心という言葉の捉えどころのなさに魅かれた一人です。

思えば、小学生の時分から、心とは何かということに興味を持っていたと思います。そして、あるとき、「心という言葉が日常生活で使われるときに把握される抽象的な概念をまず表現してみれば、『心とは何か』という問いへの解答は、自ずと導かれるのではないか」と、ふと、思ったのです。それは、今から約二十年前の大学四年生の春、理学部の化学科で卒業研究を始めて間もないころでした。それ以来、主に動物の行動実験を通して、そして、特に「ダンゴムシの行動実験」を通して、「心とは何か」に答えようとしています。

なぜダンゴムシなのか。それは後ほど述べさせていただくとして、第一章では、まず、私が辿りついた、「日常生活で把握される心の概念」を述べようと思います。以下では、この心の概念を、「日常的な心の概念」と呼ぶことにします。また、「日常的な心の概念」と合致する対象が現実の世に存在すること、および、その働きを実験によって現前させる方法論を述べます。

そして第二章では、その方法論に則ってダンゴムシの心の働きを現前させたさまざまな実験を紹介します。さらに、後半の第三章、第四章では、「心の科学」の提案とその展望を述べたいと思います。

日常的な心の概念

さて、すぐにでも本題に入りたいところですが、その前に一つ考えておくべきことがあります。なぜなら、「日常的な心の概念」があるならば、反対の「非日常的な心の概念」もあるはずだからです。そして、そうであるならば、非日常的な心の概念も、「心とは何か」という問いの解答にならないのかを検討しておかなくてはなりません。

非日常の代表である科学の現場では、心という言葉によって把握されるのは、「脳の一機能」あるいは「脳の一部分」という概念です。そして、この「非日常的な心の概念」は、脳科学が日常生活においても流行している日本では、日常的な心の概念としばしば混同されているように思います。

科学の現場では、心はおよそ次のように説明されます。「私たちは通常、記憶や思考、判断といった認知的活動、および、喜怒哀楽といった感情を心の働きと呼んでいる。人間の脳には、認知的活動や感情を司る部位がある。したがって、脳における認知的活動、および、感情を司る特定の部位こそが心である」と。

しかし、心の概念を「脳の特定部位」と言う科学者も、日常生活の場において、

「心を込めて」と言いながらだれかに贈り物を差し出すとき、「脳の特定部位の働き」としての思考内容や感情をそこに込めようとしているわけではありません。贈り物に込めようとしているのは、もっと「抽象性の高い何か」のはずです。

また、心が「脳の特定部位」ならば、それが機能しなくなった人に対して、その科学者は心を見いだせないことになってしまいます。しかし、もし何らかの出来事によって、彼の同僚が心に相当するとされる脳の特定部位の機能を失ってしまっても、その科学者は、その同僚を、心を失った人として扱うことはないでしょう。ここで、同僚を前にして、「彼には心がある」とその科学者が把握する概念は、まちがいなく、「日常的な心の概念」なのです。

認知的活動や感情を司る特定部位が脳にあるのは確かです。また、その部位を研究することは、大変有意義でしょう。しかし、その「脳の特定部位」は、多くの人が受け入れられる、「心とは何か」に対する解答にはなり得ません。それを心と呼ぶことは、やはり「非日常的」なことなのです。

では、これから、多くの人が日常生活で把握しているはずの、「日常的な心の概念」を探ることにします。

内なるわたくし

私たちは、心という言葉を日常生活で使うとき、「日常的な心の概念」を把握しています。ですから、この概念は、心という言葉の日常での使われ方を探ることで明らかになるでしょう。その中でも、心があたかも実体を持つかのように扱われているものを考察することは、後に日常的な心の概念と合致する対象が現実の世に存在するかどうかを探る際に有効であると思われます。

そこで、たとえば「心を込めて、あなたへ贈ります」「そんな恐ろしい考え、心にもありません」、といった使い方を取り上げてみましょう。前者の例では、私の心は、あなたに贈り物をするときにわざわざ込められ、また、後者の例では、あなたに身の潔白を証明するときにわざわざ開示されるようです。ただし、あなたや私は、それを五感で捉えることはできません。

したがって、「日常的な心の概念」とは、「私の内にある何者か」のようです。ただ、この何者かに対して、「私のあずかり知らない全くの他人」という感じは決して生じません。そうではなく、普段はうかがい知れない「もう一人の私」といった感じが生じます。このように、「日常的な心の概念」とは「私の内にあるもう一人の私」です。

本書では、この「もう一人の私」を「わたくし」と表記して「私」と区別し、日常的な心の概念を「内なるわたくし」と呼ぶことにします。贈り物をするときにわざわざ込められ、また、身の潔白を証明するときにわざわざ開示されるのは、この「内なるわたくし」なのです。いずれの場合も、普段うかがい知れない「内なるわたくし」の存在をあなたに知らせることで、特別な親愛や誠実を表明する、というわけです。

心の気配

次に、日常的な心の概念「内なるわたくし」が、現実の世界、すなわち私たちの内に存在することを確かめようと思います。すでに述べたように、「内なるわたくし」は、五感では捉えられません。しかし、生き物としての私たちは、その存在を、「第六感的感覚」で把握しているのです。このように述べると、心は「魂」といった超越的対象であるかのように思われるかもしれません。しかし、この第六感的感覚は、日常でしばしば経験している感覚なのです。

それは、「気配」という感覚です。気配は、特別な能力を持つ人が超越的対象に感じる感覚ではなく、一般の私たちが、「あるはずの実体が隠れているとき」に、普通に得る感覚です。非科学的なものではありません。たとえば、公園で鬼ごっこをすれば、すべり台や植え込みの陰に、友達の気配を感じることがあるでしょう。サバンナでライオンの足跡を見つければ、鬼ごっこのときに感じるよりもずっと強く、草むらの陰に彼らの気配を感じるでしょう。

あなたが私を目の前にしたとき、あなたは私に心があると思うでしょう。その理由は、あなたは私の内に隠れている「内なるわたくし」の気配を感じるからなのです。科学の世界では心を脳の特定部位であると主張する科学者であっても、その部位の機能を失った同僚を目の前にして、彼に心があると感じるのはもっともなことです。そのとき科学者は、目の前の同僚の内に隠れている「内なるかれ」の気配を感じているのです。

では、もし私が石の下のダンゴムシを目の前にして、同じような気配を感じるならば、その感覚は「内なるそれ」、すなわち「ダンゴムシの心」がダンゴムシの内に隠れていると思うから生じるのでしょうか。さらには、ダンゴムシが隠れていた石を目の前にして、もし同じ気配を感じることができるならば、それも「内なるそれ」、すなわち「石の心」が石の内に隠れていると思うから生じる感覚なのでしょうか。

「はい」というのが、私の答えです。しかし、いきなり「ダンゴムシの心」「石の心」と言われても、多くの人は当惑するでしょう。そこで、以下ではまず、人間における「内なるわたくし」とはどのような実体なのかを明らかにします。その後、ゆっくりと人間以外の対象の心に迫っていきます。

隠れた活動部位

ここで、私の心、「内なるわたくし」の実体を明らかにするために、私があなたに向かって包みを差し出し、「心を込めて、あなたへ贈ります」と言う場面を、より具体的に検証してみましょう。「心を込めて、あなたへ贈ります」と私がこわばった顔で言うとき、あなたは私を五感で捉えています。今日の私は、いつもと違ってパリッとしたスーツを着ていること（視覚）、それなのに、よほど急いで来たからなのか、ぜいぜい言っていて（聴覚）、汗の匂いをプンプン放ち（嗅覚）、せっかくのスーツ姿が台無しなこと、などです。このとき、あなたの五感は、「内なるわたくし」を捉えてはいません。

ところで、あなたの目の前の私には、あなたの五感に捉えられないさまざまなことが生じています。まず、私の意識は、「今夜の夕飯は何だろう」と考えています。また、私の背中には、意識にはまだ上らない程度に湿疹がふくらみだしています。それらのことを、あなたは決して知ることはできません。

さて、ここで注目すべきことは、私は「お腹すいたなあ」と言ったり、無意識に背中をボリボリと掻《か》きだしたりはせず、こわばった顔つきのまま「心を込めて、贈ります」と言って包みをあなたに渡している点です。

夕飯についての思考を担う部位や、背中の皮膚感覚を担う部位はもちろん活動しています。しかし、それらの部位の活動は、引き続き生じてもよいはずの「お腹すいたなあ」という発言や、無意識に背中を掻きだすといった「行動」を発現させてはいません。それぞれの行動は、「抑制」されています。したがって、あなたは、私のこれらの部位の存在を、五感を通して推測することができないのです。

このように、私の内には、それに伴われる行動の発現を抑制することで「隠れて」いる部位が存在しています。「心を込めて」と言う私を目の前にするあなたが、私に心の「気配」を感じるとき、その正体は、この「活動はしているものの、伴われる（意識的、および無意識的）行動の発現を抑制する部位」なのです。本書では、これらの部位を「隠れた活動部位」と呼ぶことにします。

そして、実はこの「隠れた活動部位」こそ、「内なるわたくし」という「日常的な心の概念」の正体なのです。心を込めて贈り物を差し出す私は、「働きを自ら抑制し、他人の五感では捉えられないようにしている部分まで、あなたに差し出します」と言っていることになります。

心の実体とその遍在性

以上のように、人間である私を対象に、心という言葉が使われる場面を例として、私の心の日常的な概念、「内なるわたくし」の実体について考えてみました。鍵になるのは、「隠れた活動部位」です。

実は、「隠れた活動部位」は、私たちがある一つの行動を滑らかに発現させるために必要不可欠なものです。私が「心を込めて、贈ります」と言いながら滑らかに贈り物を差し出せるのは、夕飯のことを意識的に考えたり、痒《かゆ》みを無意識的に感じたりしている活動部位が、続いて発現させてもよいはずの「お腹すいたなあ」という発言や、「背中を掻く」という別の行動を抑制し、「隠れた活動部位」となっているからです。

ところで、この「隠れた活動部位」の存在は、何も私たち人間に限られるものではありません。それは、私たちが観察するさまざまな対象に備わっています。私たちが観察できるあらゆる対象は、あるとき、意識の有無にかかわらず、ある一つの行動を発現していますが、発現可能な行動が、観察されているその一つの行動のみである対象などありません。あらゆる対象は、ある一つの行動を発現するとき、その他の行動が発現される可能性を持っています。そして、重要な事実は、ある対象がある行動を発現しようとするとき、さまざまな活動を誘発するような刺激が完全に排除された状況は、自然界ではほとんどあり得ないということです。あらゆる対象は、「特定の行動を発現しようとするとき、何らかの刺激によってさまざまな活動も不可避的に誘発されるが、それらに続く行動の発現を抑制することが要求され、それを実現している」のです。

このように、あらゆる対象は、余計な行動を発現するもととなる「隠れた活動部位」を備えています。そして、私はそれが「心の実体」と言えるのではないかと考えています。その部位は、環境から何らかの刺激を受け取ることによって活動はしているものの、引き続く行動の発現を抑制しているため、外部からはうかがい知れなくなっていて、観察者は、その気配だけを感じます。そして、その気配が「内なるそれ」という概念を作り出すのです。それによって、観察者は対象が心を持つように感じるのです。

ですから、もしあなたが、たとえば犬や猫を前にして、彼らが心を持っているように感じられるとすると、その感覚は「隠れた活動部位」が犬や猫の内に隠れていることから生じているのです。私はダンゴムシを研究していますが、対象がダンゴムシであっても事情は同じです。

心と脳

ただし、ダンゴムシにおいて、心の実体である「隠れた活動部位」が具体的にどこなのかは、今のところわかっていません。それに対して、私たち人間では、その部位は「脳にある」と言えます。前述の贈り物の例では、夕飯についての思考を担う部位や、背中の皮膚感覚を担う部位は、それぞれ脳の前頭葉と感覚野にあります。そして、続く「お腹すいたなあ」という発言や、背中を掻くといった行動を発現させる部位は運動野にあります。

ここで、念のために強調しておきたいことが二つあります。一つは、私は、「心は脳ですべて説明できる」と主張するわけではないということです。人間の場合、心の実体である隠れた活動部位は脳にあるでしょう。ただし、それは、（痒みや、夕飯についての）「感覚」や「思考」、さらに、それらに続く（掻く、「お腹すいたなあ」という発言といった）「行動」の発現に関わる部位が、たまたま脳にあるからにすぎません。ダンゴムシでもそうですが、あらゆる存在には、行動や現象の表出に直接関わる部位と、それらにつながる別の上流部位が、必ずあります。そしてこれら上流部位の活動が表出に関わる部位の活動を抑制して隠れてしまえば、それは観察者から見た場合の心となるのです。仮に人間の脳のような構造がなくても、「隠れた活動部位」はあるのです（図1）。

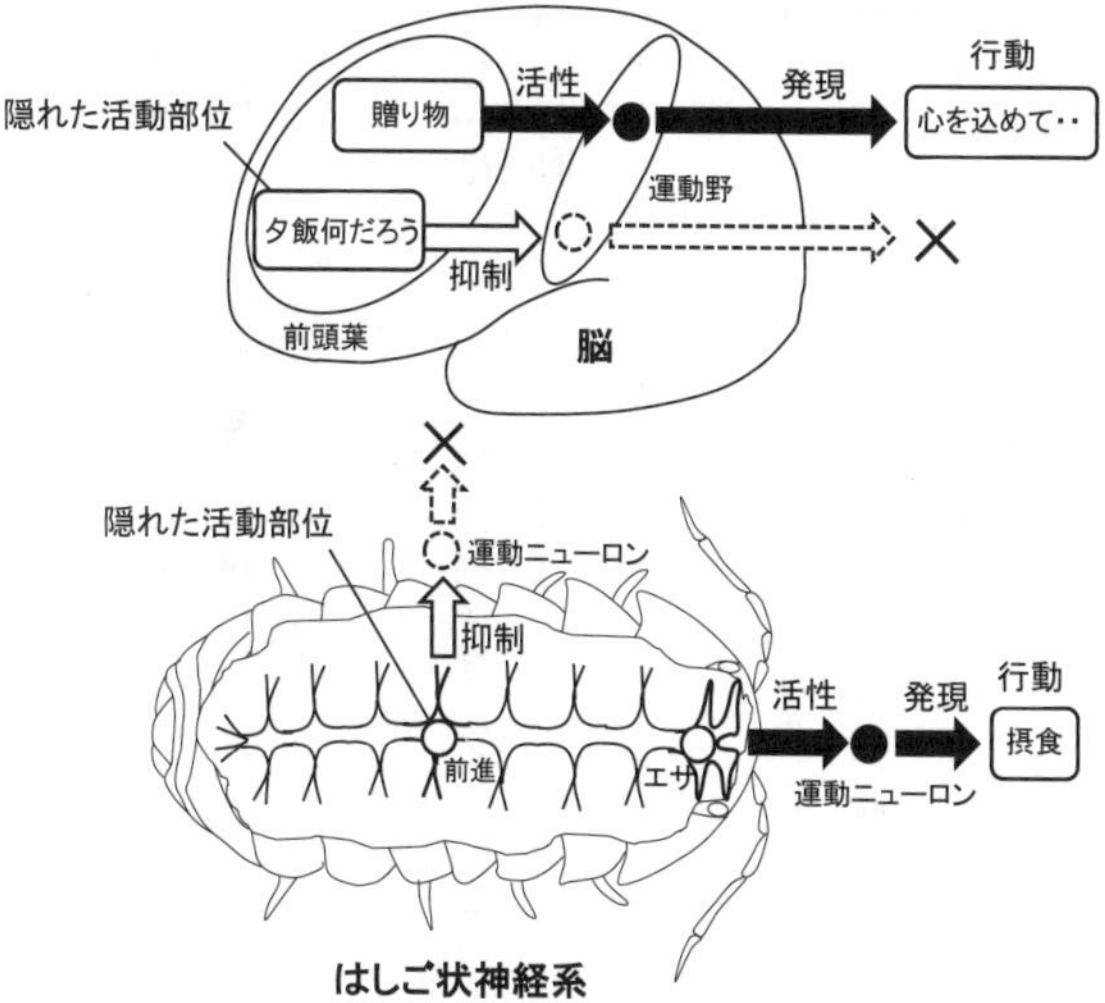

図1　人とダンゴムシにおける隠れた活動部位

人の場合、「贈り物を差し出そう」という活動が「心を込めて、あなたに贈ります」を発現させるとき、「夕飯何だろう」という活動は、それに関わる行動を抑制する。ダンゴムシの場合、脳神経節に生じた「エサを食べたい」という活動が「摂食」を発現させるとき、「前進したい」という活動は、それに関わる行動を抑制する。

二つめは、人間の心に相当する脳部位は、決して、「認知的活動や感情を司る部位」といった「脳の特定部位」に「限られない」ことです。なぜなら、隠れた活動部位は、人がどのような行動を発現させようとするかで変化するからです。贈り物の例では、緊張感という感情を司る部位は、こわばった表情（という行動）を顔の筋肉へ発現させています。一方、皮膚感覚を司る部位は、掻くという行動を抑制し、隠れた活動部位の一部となります。これに対し、贈り物を渡した後、あなたが後ろを向いた隙《すき》に私がほっとした表情で湿疹を掻く場合には、今度は皮膚感覚を司る部位が掻くという行動を発現させ、緊張感を司る部位はこわばった表情の発現を抑制し、隠れた活動部位として新たな心の一部となるわけです。

ところで、「脳における隠れた活動部位」として見えてきた私たち人間の心は、日常生活で使われる心という言葉のさまざまな意味と、はたして調和しているのでしょうか。私は、心という言葉の日常生活での使われ方を取り出し、それらをたたき台にして、私たちの心の実体へ辿りついたのですが、この実体が、日常生活での心という言葉の理解のされ方からかけ離れているならば、この推論は机上の空論となってしまいます。そこで、いくつかの例で、日常生活における人間の心と、隠れた活動部位としての心の整合性を検証していきます。

感情としての心

最初の例は、「心とは感情である」という理解のされ方です。この本の原稿がまだ半分もまとまっていないころ、自信のない私は、編集者に内容について聞きました。すると、「心の役割はもっと情的な部分だと一般の人は思っています」というコメントをいただきました。その翌日、私の研究室にいる卒業研究生に、「心とは何かっていきなり聞かれたら、何と答える？」と聞いたところ、ううんと唸《うな》った後、「感情……ですかね？」という答えが返ってきました。

確かに、たとえば楽しい感情、あるいは逆に悲しい感情を抱いたときに、「私の心は楽しかった」「私の心は悲しかった」と言う場合があります。思うに、このような表現が使われるのは、これらの感情が生じても、それらに対応する表情（という行動）が抑制されているときなのではないでしょうか。たとえば、「私は勝負には負けたけれど、心は楽しかった」「私は勝負には勝ったけれど、心は悲しかった」といった具合です。

前者では、私は負けて泣くという行動を発現していて、楽しいという感情に対する笑うという表情が抑制されています。後者では、勝って笑うという行動を発現していて、悲しいという感情に対する泣くという表情が抑制されています。それぞれが抑制されていなければ、「私は勝負には負けたけれど、楽しくて笑った」「私は勝負には勝ったけれど、悲しくて泣いた」となるでしょう。

私たちは、大人になるにつれ、右記のように「顔で笑って心で泣く」場面が増えます。すなわち、感情が生じても、続く行動が無意識的に抑制される場面が増えます。このとき、感情を生じさせる脳部位は活動していても表には出ず、隠れることで、心となります。私たちの意識は、この隠れた活動部位の気配を心として感じると同時に、特定の感情を感じています。このような経験を通して、「心は感情である」という認識を得るのでしょう。

器官としての心

もう一つは、「心は内臓や筋肉といった、器官のようなものである」という理解のされ方です。たとえば、「心を鍛える」「心を育む」という表現があります。あたかも、心が形を持ち、鍛えられ、育まれることでその形が大きくなるようなイメージです。

これらの表現では、何が鍛えられ、育まれるのでしょうか。それは、おそらく隠れた活動部位の本質的な働きである、「行動を抑制する力」でしょう。前記の表現のうち、もう少し具体的になった形である、「強い心を鍛える」「やさしい心を育む」といった表現が、学校等における教育標語としてしばしば見受けられます。

強い心とは、これと決めたことをやり抜くための心です。そのためには、これと決めた特定の行動をしている最中、外界から不可避的に与えられるさまざまな刺激に対して、脳内のさまざまな部位が活動しても、断固としてそれらに対応する行動を抑制する力が必要です。たとえば、勉強の最中、遊んでいる友達の楽しそうな声や、テレビの音、本棚のマンガ本といった外的刺激が、意識的、無意識的に受け取られます。しかし勉強をやり抜くには、これら外的刺激に対する行動を発現させるわけにはいきません。この抑制力は、まさに隠れた活動部位の力であり、心を鍛えるとは、この抑制力を鍛えることです。

一方、やさしい心とは、まず自分の行動を抑え、他人の行うことをすべて受け入れてあげるための心です。やさしくしてあげる、というあからさまな行動は、大概、偽善やお節介になってしまいます。他人の話やすることを、丸ごと聞いてあげたり、見てあげたりすることがやさしさの基本です。そのためには、聞き、見たことに対して脳内のさまざまな部位が（もちろん）活動しても、それらに対応する行動、たとえば助言することを、一度はぐっと抑制する力が必要です。それは、まさに隠れた活動部位の力であり、心を育むとは、この抑制力を育むことなのです。

このように、強い心を鍛えるのも、やさしい心を育むのも、「隠れた活動部位による行動の抑制力の鍛錬」ということになります。ただ、一方が「鍛える」で、他方が「育む」と表現されるのには、やはりそれなりの意味があるのでしょう。おそらく、「鍛える」ほうは意識がやるぞと決めて自発的に抑制力を高めることが可能であり、しかし、「育む」ほうは、さまざまな経験を通じて、無意識のうちに自ずと抑制力が高まるのを待つしかないのでしょう。したがって、当人を囲む環境が育みの過程に大きな影響を与えることになります。

「裏」としての心

最後にもう一つ。心という語には、「うら」という読み方もあります。「裏」と同じ語源で、表には見えないものという意味から生じたといわれています。たとえば、「心寂しい（うらさびしい）」「心悲しい（うらがなしい）」という使い方が現在でも見られます。この「うら」は、何とはわからず、自ずから、といった意味です。これはまさに、私たちの心の概念である「内なるわたくし」が「もう一人の私」であることと合致します。

私が「心寂しい」とは、理由もなく、なぜか寂しいことを意味します。それは、私が無意識のうちに外界の刺激の中から寂しさを生じる何かを捉え、寂しさを生じさせる脳部位が活動するものの、その部位が寂しさの表情を抑制するときに生じるのではないでしょうか。このとき、私の意識は、「この寂しさはどこから湧いてきたのだろう」と思うしかありません。それは、隠れた活動部位、「内なるわたくし」から湧いて出るのです。

以上のように、「隠れた活動部位」は、概ね、人間における心という言葉の意味とも連動しています。

魔の二歳児

ここまで、私たち人間の心は、脳において、活動しつつも対応する行動を抑制する「隠れた活動部位」と考えられることを述べてきました。ところで、この行動の抑制という働きは、成長の過程で知らず知らずのうちに獲得されます。すでに述べたように、やさしい心を育むとは、隠れた活動部位による行動の抑制力が、さまざまな経験を通じて、無意識のうちに自ずと高められる過程です。この過程は、実は、私たちが生まれた後、心を獲得する過程と本質的に同様です。

皆さんは「魔の二歳児」という言葉を聞いたことがあるでしょうか。子育てをされたことのある方なら、おそらくご存じでしょう。私には、長女と次女がいます。彼女たちが二歳のころは、それはもう聞きわけがなく、一度機嫌を損ねると、なだめるのが大変でした。魔の二歳児たちは、とにかく、恐ろしくわがままなのです。「何かを自分でしたい」という気持ちが芽生えてくることは、成長の証として喜ばしいことなのですが、困ったことに、それをとにかく「今」行わなくては気が済まないのです。妻曰く、「彼女たちには『後で』が通用しない。『今』しかない」そうです。

皆さんは、スーパーマーケットで大泣きしたり、さらに激しい場合は、床の上で寝転がって暴れながら大泣きしたりしている子どもを見かけたことがあると思います。機嫌よく買い物に付き合っていたと思ったら、ふと目に入ったおもちゃに吸引されます。また、あるときは、はたと歩みを止めてしまいます。

すなわち、歩くという一つの行動を発現させているとき、おもちゃに対する走り寄りや、突然の立ち止まりといったその他の行動の発現を抑制することができないのです。そして、「さあ、行くよ」と言おうものなら、大泣きするのです。「顔で笑って心で泣く」ことができないというわけです。

世のお母さん、お父さんはこの時期、大変な苦労をします。何といっても、言葉が通じないのですから。それに、魔の二歳児たちにとって、おとなしく歩く理由などありません。ですから、説得などできないのです。

心の成長

ところで、そんな「魔の二歳児」たちも、成長するにつれ、特定の行動を維持できるようになります。それは、特定の行動を維持できるような集中力がつくというだけでなく、その行動以外の余計な行動の発現をしっかり抑制できるようになるということとともに成り立ちます。

なぜなら、現在発現している特定行動以外の行動を誘発するような余計な刺激は、私たちの周りに散在しており、私たちの五感は、無意識的に何らかの刺激を捉えてしまいます。すなわち、余計な刺激に対する活動部位が、不可避的に発生します。ですから、特定の行動を維持するには、余計な刺激に対し活動してしまった部位に続く行動の発現を抑制する必要があります。ただ、この余計な行動の抑制という重要な働きは、だれかにそうしろと明示的に教えられるわけではありません。社会の中で暮らすうちに、自然に獲得され、身に付いていくのです。

ところで、以上の説明では、あたかも「魔の二歳児」には心がないと言っているかのように聞こえるかもしれませんが、決してそうではありません。抑制という作用が弱いだけで、抑制は別のところで確かに行われています。なぜなら、泣きわめく二歳児も、決して骨折するほど地団太を踏みはしません。そこには、それなりの抑制は働いています。成長しつつある彼らも、発現させる特定の行動以外の行動の発現を抑制してはいるのです。

魔の出来事

ところで、私の場合、「魔の二歳児」の時期がようやく過ぎた三歳の初めのころ、心による行動の抑制がまだうまく効かなかったことがありました。

ある日、私は隣に住む友達の家へ遊びにいきました。玄関を開けると、廊下の先に木製の薬箱が置かれていました。フタに描かれた、くすんだ赤い十字を今でもありありと覚えています。そして、その箱に少しのあいだ意識を向けたとき、私の目前には、私が走り出し、その箱につまずき、頭を打ち、出血するという光景がありありと広がったのです。

今の印象は何だろう、と思った瞬間、体は勝手に走り出し、何かにつまずいて転び、どこかに頭を打って出血してしまいました。出血したことよりも、体が勝手に走り出し、コマ送りの映像を眺めるかのように、自分が転ぶ様子をただ傍観せざるを得なかったことのほうが、ずっと恐かったことを覚えています。意識を無視して走ってしまったのは、何となく想像してしまった情景に対する行動の発現の抑制ができなかったからでしょう。

これほどの恐ろしい「魔の二歳児」はこれっきりでしたが、今となっては、心の発達過程を知るよい実例です。想像したことを体が勝手に実行してしまうことは、さすがにこれ以降ありません。それは、心の抑制力の発達のおかげでしょう。

このように、私たちの心は、自分の意識にすらうかがい知られず、年とともに発達し、特定の行動を滑らかに発現させるよう、それ以外の余計な行動の発現を抑制する機能を育んでいきます。私たちは、この抑制という働きを意識的に実感することはできません。しかし、私たちの意識が行動を選択し、それを実現するとき、心は確実に他の行動の抑制という活動を行っています。私たちは、その活動を「心の気配」として感じているのです。

心は現前するか

ここまでの議論で、私たちは、心の実体について理解することができたと思います。ここからはいよいよ、その働きを現実の現象として捉えるための方法論に迫ります。すなわち、心を実体として理解するだけでなく、心の存在を実証する準備を整えるのです。その前に、もう一度、心とは何かについて、おさらいをしておきましょう。

観察対象の心とは、日常で使われる言葉です。そこから把握される概念は「内なるそれ」です。これまでの議論から、この概念と対応する実体は、観察対象における「隠れた活動部位」です。その働きは、観察対象が特定の行動を発現するとき、それを滑らかに遂行させるため、隠れた活動部位自身が対応する行動を抑制することです。

このように、心の実体である、隠れた活動部位の本質は、自身が活動しつつも対応する行動を抑制することなので、その存在を確かめたいとき、その働きを現前させるという手段をとることができません。現前させられるはずの行動を現前させないことが、その働き（行動の抑制）なのですから。本当に泣いてしまっては、「顔で笑って『心』で泣いて」は成立しません。

では、どのようにして心の働きを確認すればよいのでしょうか。以下では、人間を例として、その方法を考えてみます。

思いもかけない大泣き

読者の皆さんの多くは、「顔で笑って心で泣いて」を実践できる大人の方だと思いますが、そんな皆さんも、「思いもかけず泣いてしまった」ことはないでしょうか。たとえば、私の友人は、ある日、いつも通勤の帰りに通る道で旧友にばったり出会ったとき、驚くやらうれしいやらで「久しぶり」と言ったとたん、ボロボロと予想外の涙が溢れてしまったそうです。

このときの印象は、感動的な映画を見て、感極まって泣いてしまった、という「思わず」泣いてしまったというのとはだいぶ違い、「思いもかけず」、すなわち、わけはわからないのだけれど涙が自動的に出た感じだった、ということです。この話を他の知り合いにも話したところ、意外に多くの人が同じような経験をしていました。中には、大泣きではなく「大笑い」の人もいました。

この涙は、懐かしさという感情が生じたことによって用意されたのでしょう。しかし、通常、人通りのある道端で涙を流すことは抑制されます。この抑制は、もちろん心の働きです。懐かしさを生じる部位は活動しても、対応する「泣く」という行動を抑制し、隠れた活動部位、すなわち心となるのです。

では、何がこの抑制を解いてしまったのでしょうか。当人は、感極まったわけではないと言っています。このように、感情抜きで、すなわち、思い当たる原因がなく出てしまった涙。それは、矛盾するようですが、「抑制の役割を担った心自身が流させた」のです。

未知の状況

生物としての私たちは、個々の状況において、生まれてから積み重ねた、そして祖先から引き継いだ経験に基づいて、適切な行動を発現させるよう習慣づけられています。いつもの帰り道で友達を見かければ、「よお、○○」と声をかけ、静かな美術館では目配せだけにとどめます。状況に応じたこれらの行動はごく自然に行われます。

このように、特定の状況に見合った行動を迅速に発現させることは、私たちが社会や自然の中で円滑に生活する上で非常に重要なことです。ところで、社会や自然は、ちっぽけな私たち個人に比べ、本来的に、圧倒的に大きな存在です。したがって、適切なはずの行動が通用しない「未知の状況」が、いつ起こってもおかしくありません。いつもの帰り道で数十年ぶりの旧友に出くわしたとき、友だちだからといって普段ならば適切なはずの「よお、○○」という声かけは通用しないかもしれません。なぜなら、相手は私たちを覚えていないかもしれないからです。

このような未知の状況は、経験に基づいて状況に応じた行動を発現させるよう習慣づけられている私たちにとって未経験の事態であり、よって、私たちはどのような行動を発現させるべきかわからなくなります。すなわち、行動を発現できなくなります。未知の状況において、私たちは当惑して動きを失うことがしばしばあるのです。

旧友に突然出くわした私たちは、しばらく当惑して動きを失うでしょう。しかし、その後、「突然の大泣き」を、思い当たる原因がないのに発現させる場合があるようです。通常、心によって抑制されているはずの行動は、なぜ未知の状況で現れてしまったのでしょうか。それは、未知の状況では、前記のように、私たちは行動を発現させられなくなり、動きを失うことと関係があります。

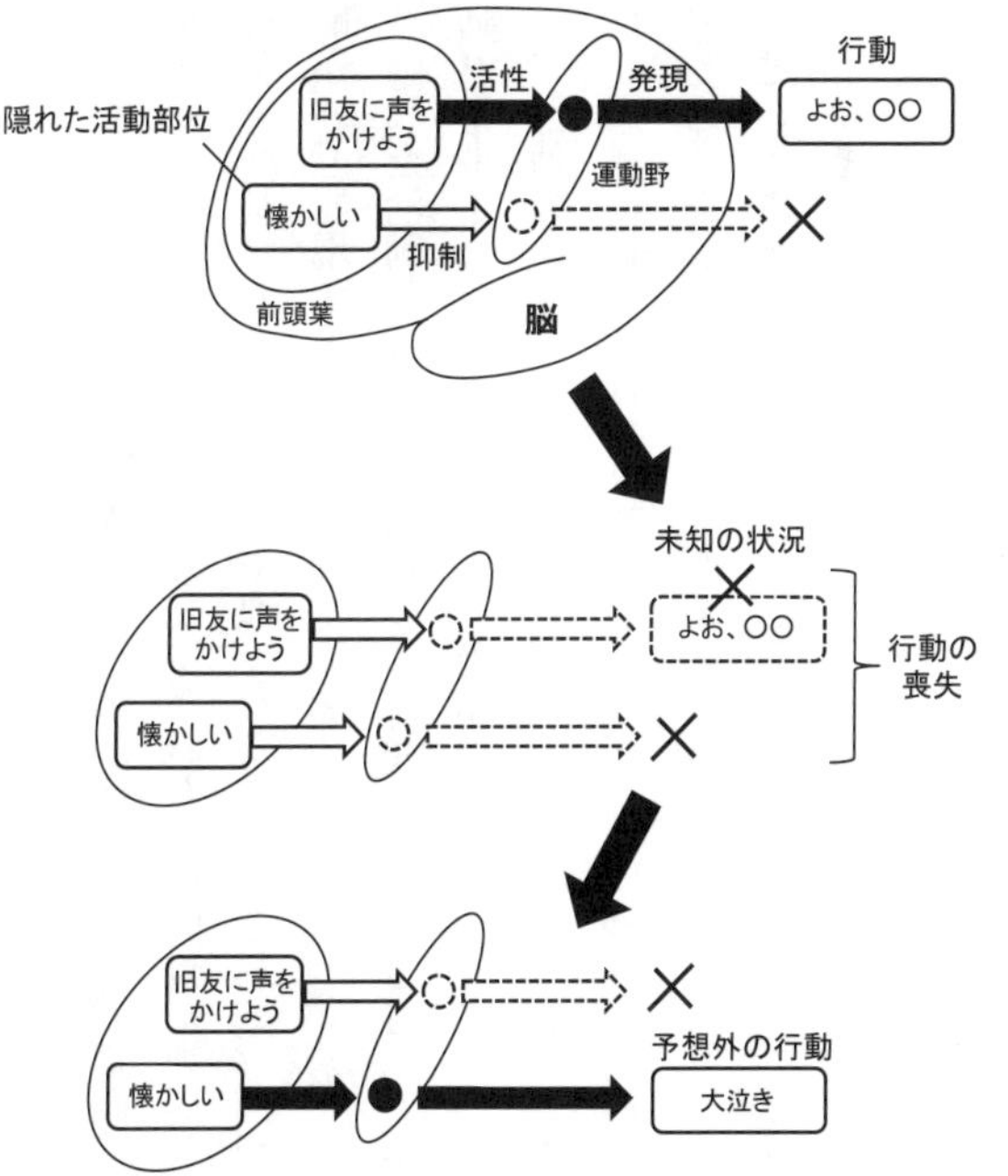

図2　未知の状況における抑制されていた行動の発現
「旧友に声をかけよう」という活動が「よお、○○」を発現させるとき、「懐かしい」という活動はそれに関わる行動を抑制する（上段）。その旧友が当惑した表情をすると、「よお、○○」が通用しない「未知の状況」が生じ、「行動の喪失状態」となる（中段）。すると、「懐かしい」は行動を抑制して「よお、○○」を支える必要がなくなり、予想外の「大泣き」を発現する。

心の現前

これまで述べたように、通常、心による行動の抑制は、特定の行動が滑らかに発現できるように実行されますが、未知の状況では、行動が発現されなくなる可能性があります。したがって、心、すなわちその時点での隠れた活動部位は、対応する行動を抑制する必要がもはやなくなります。それで、抑制されていた行動は抑制を解かれ、発現する機会を得ます（図2）。

隠れた活動部位は複数あるので、発現され得る行動も複数となりますが、どの行動が発現されるのかは、私たちの意識にはわかりません。心は、未知の状況において、行動を「自律的に」選択するからです。すなわち、その行動が選択された根拠は、意識にとっては計り知れません。したがって、前記の大泣きのような行動は、私たちの意識にとって「予想外の行動」なのです。

このように、「未知の状況」で発現される「予想外の行動」は、「内なるわたくし」である心によって自律的に選択され、自発的に発現します。そのために、旧友に偶然遭遇して大泣きしたときの意識上の気持ちは、「わけがわからない」となるのです。また、このときの隠れた活動部位は、懐かしさの感情を担う部位と予想されますが、その活動が高まって泣いたのではなく、対応する、泣くという行動の抑制が解かれただけなので、「感極まった」という気持ちが生じるわけではないのです。むしろ、「わけはわからないのだけれど涙が自動的に出た」という印象が生じるのです。

つまり、「未知の状況」における「予想外の行動の発現」こそが、隠れた活動部位としての「心の働きの現前」なのです。

空は緑色

ここで、私個人が、「内なるわたくし」としての「心」による「予想外の行動の発現」を感じた体験を紹介しましょう。

私が、初めて私の中の「内なるわたくし」を実感したのは、幼稚園に通う四歳のときでした。ある日のお絵かきの時間、私は晴れた空を描こうとしていました。しかし、青色のクレヨンがありませんでした。そこで、近くの友達に、「青のクレヨン貸して」と頼んだところ、その子は緑色のクレヨンを差し出しました。黙々と自分の絵を描き続ける友達の作業を中断できなかった私は、空を緑色に塗って先生に提出しました。

お絵かきの時間が終わりに近づいたころ、先生は一人一人の絵を皆に見せながら評を始めました。私の絵の番になると、先生は、「なんてきれいな空でしょう」と言い、そしてクラスの友達は拍手をしてくれました。しかし、拍手された当の私は、それまでにない大きなとまどいを感じていました。

それもそのはずで、生まれてからまだ四年しか経っていなかった私にとって、現実に経験した空の色は、もちろん青色、あるいは夕焼けの赤色くらいです。私にとって、「空は青いか赤い」のです。絵画、あるいは芸術としての空は何色でもよいことなどもちろん知る由《よし》もありません。ですから、緑色の空がきれいということなど理解不能でした。また、それ以上に、クラスの友達が平然と拍手できることに大きな違和感を覚え、軽い吐き気すらもよおしました。

突如現れた「空は緑色」が賞賛された状況は、私にとって大いに「未知の状況」でした。しかし、この状況で、不思議なことが起こりました。皆から拍手を受け続けるにつれ、次第に、「緑の空ってきれいだなあ」という意外な感覚が、私の意識に、促されるように湧き上がってきたのです。じわじわと湧いてきたこの感覚を、私は受け入れざるを得ませんでした。

この、普段は明らかに抑制されている予想外の行動としての感覚、「緑の空ってきれいだなあ」を発現させた何ものか。それが、私が初めて明確に感じた「内なるわたくし」です。そして、それこそが、今になって考えてみれば、心の働きの現前だったのです。この心の働きのおかげで、私は、驚くべきことに、先生の評が終わるころには、微笑みを浮かべることすらできたのです。

このように、「内なるわたくし」としての、私の心の働きは、普段はうかがい知れないものの、日常生活で未知の状況に陥ったとき現前しました。その現れ方は、通常抑制されるはずの行動の発現であるために、私の意識は、「どうしてこのような行動を発現させてしまったのか」という驚きとともに、その発現を担った何ものか、心の存在を否応なく気づかされました。「私は、どうしてこのような行動を発現『させられた』のか」と。

オレンジの絵を見ながらメロンジュースを飲む実験

これまでの推論とさまざまな実例から、私たち人間における心の働きは、「未知の状況に陥ったときに生ずる予想外の行動の発現として現前する」との仮説が得られたことと思います。ここでは、その仮説を検証するために、実験的に未知の状況を作り、被験者から予想外の行動が発現されるかどうかを観察した結果を報告します。

実験は、二〇〇四年から二〇〇五年にかけて、公立はこだて未来大学の卒業研究生と私によって行われました。その内容は、「味と視覚刺激との不一致の経験が後続する水の味に与える影響」という題目の論文として公表されました[1]。

最初に行われた「味と視覚刺激との『一致』実験」では、被験者は、中身の見えないコップに入った飲料をストローで飲む課題を与えられました。飲料は、ジュースや塩水、紅茶などさまざまでした。コップのフタには、中の飲料を示す絵が描かれていました。たとえば、飲料が「メロンシロップ水溶液」の場合には、フタの絵は「メロン」でした。各飲料を飲んだ後、被験者は水を一口飲んで口内を洗い、約三十秒間休憩し、次の飲料の試飲に備えました。この手順に従い、全部で二十四種類の飲料が、十四人の被験者それぞれに与えられました。

最後の飲料と一口の水を飲んだ後、各被験者は、「まちがいなく水が入っています」と告げられてコップを与えられ、中の水の味を尋ねられました。この水の入ったコップのフタには、水とは関係のない図形が描かれていました。その結果、十人は何も味がしない、あるいは水の味がすると答えましたが、四人は何らかの味がすると答えました。

次に行われた「味と視覚刺激との『不一致』実験」の被験者は、同じように中身の見えないコップに入った飲料をストローで飲む課題を与えられたのですが、コップのフタには、中の飲料を「示さない」絵が描かれていました。たとえば、飲料が「メロンシロップ水溶液」の場合には、絵は「オレンジ」でした。全部で二十種類の飲料が、飲料を「示さない」絵が描かれたフタとともに与えられました。この実験では、被験者はかなり複雑な表情で飲料を飲みました。このようにして、「未知の状況」が設定されたのです。

甘いみそ汁の味がする水

この実験でも、最後の飲料と一口の水を飲んだ後、各被験者は、「まちがいなく水が入っています」と告げられてコップを与えられ、中の水の味を尋ねられました。

すると、十四人の被験者中、今度は半数を超える八名が、「何らかの味がする」と答えたのです。すなわち、水に味がすると答えた人数が、一致実験のそれの二倍となったのです。生じた味の種類はさまざまで、「塩辛い」「酸っぱい」といった基本味だけでなく、「甘いみそ汁」という報告もありました。また「舌がざらつく」という報告もありました。このような味の報告は、「予想外の行動」です。なお、一致実験、不一致実験で最後の水に味を感じた人たちは、実験前の検査で水を飲んだときは、特に味がしないと答えていました。

日常生活において、私たちは、多くの場合、味わう対象をまず目で捉え、それからその対象を口にします。実験では、この日常の行為が模擬されていて、被験者は、試料のフタの絵をまず目で捉え、それから中の飲料を口にします。味と視覚刺激との「一致」実験では、被験者は、普段行われている「視覚から生じる味の印象と舌に生じる味の融合」という、「味の同定行動」(味の同定は、それに関わる特定の神経系を活動させるという意味で、行動です)を発現します。

これに対し、味と視覚刺激との「不一致」実験では、普段行われている、特定の「味の同定行動」を発現させても、当然、違和感が生じるだけです。このように、不一致実験は、「普段から発現されている味の同定行動が違和感を招く、という未知の状況」なのです。そして、そのような状況が続いた後、「確かに水が入っている」と明言された水の入ったコップを与えられると、「「甘いみそ汁」といった「予想外の味の同定行動」を発現する被験者が現れたのです。

水を口に含んだとき、甘いみそ汁という味の同定は普段はまちがいなく抑制されているはずです。不一致実験という未知の状況において、被験者が味の同定にとまどうとき、普段は抑制されるはずのいくつかの味の同定行動のうちの一つが、予想外の味の同定行動として発現されたのです。このように、私たち人間における味の同定行動に潜む心の働きを、実験によって現前させることができたのです。

読者の皆さんの中には、それでも、「水が甘いみそ汁の味になったところで、それで心を見いだしたと言えるのだろうか」という疑問を持つ方がいらっしゃるかもしれません。しかし、自分で体験すると、かなりの驚きを感じます。実際、多くの被験者がそうでした。彼らは、「なぜ水の味が変わったのだろう」ではなく、「この味はどこから来ているのだろう」と感じたのです。そこで想定されているのは、まさしく「内なるわたくし」、すなわち心なのです。

ところで、水に味が生じる神経伝達路の推測まで含めた研究内容は、国際会議で発表され、優秀論文賞をいただき、翌二〇〇六年に国際誌上で公表されました。[2]ちなみに、一緒に研究した卒業研究生は、研究結果一式をきっちり一箱にまとめて私に「はい」と手渡し、全国的に名の知られた地元有名企業へと、さらりと巣立っていきました。

抑制と潜在

これまで述べたように、心とは、行動する観察対象における、隠れた活動部位です。その働きは、状況に応じた行動の発現を支えるために、余計な行動の発現を抑制することです。しかし、未知の状況では、自律的にある行動の抑制を解き、その余計な行動を自発的に発現させる逆の働きも持つようです。これらを総合すると、心の働きとは、「状況に応じた行動の発現を支えるために、余計な行動の発現を『潜在させる』こと」と言いかえる必要がありそうです。

余計とされる行動は、発現を抑制されるだけで、消されてしまうわけではありません。すなわち、覆《おお》いをかけられるだけなのです。それはまさしく「潜在」している状態です。そして、未知の状況では、「予想外の行動」として自発的に発現させられるのです。

ところで、ここまでは人間を例に考えてきましたが、この予想外の行動は、生物を含めたさまざまな観察対象で観察可能なはずです。なぜなら、すでに述べたように、あらゆる観察対象は、ある状況において行動し、そして隠れた活動部位を持つからです。したがって、観察者は、観察対象を未知の状況に遭遇させ、予想外の行動を観察することで、その心の存在を確かめることができます。私たちは、あらゆる観察対象において心の存在を実感し、実証する手段を得たのです。では、ここで極端に思われるかもしれませんが、思考実験のために、石にも心を見いだせるのかを考えてみましょう。

石の心

まず、私たち観察者は、庭先の石は静止してしまっているのではなく、「静止しようと行動している」とみなせなくてはなりません。なぜなら、隠れた活動部位は、特定の行動の発現を支えるために働く、すなわち、特定の行動の発現があって初めて見いだされるからです。

静止中の石の表面は大気や土に接しています。したがって、石の表面は、大気や土から生じるさまざまな作用を受けています。水はもちろん、金属やガスなど大気や土から生じるさまざまな物質が石に到達し、石の表面はそれらと化学反応を起こしています。長い時間が経過すると、石は割れるかもしれません。このように、石の表面では「劣化」が進行しています。

重要なのは、その劣化速度は、「石によって調整される」ということです。「石が調整している」という言い方はあまり耳にしないかと思います。しかし、石の表面がじわじわと剝《は》がれるとき、剝がれていく石の分子が、まだ剝がれない石の分子との結合をいつ離すのか。その瞬間は、両分子によって決められるとしか言いようがありません。すなわち、石は、劣化速度を調整しているのです。

一般に、観察者である私たちは、観察対象がどのように行動するかについては、最後は観察対象に任せるしかありません。石の場合、その表面は、ただ受動的に劣化するに任せているわけではなく、表面の劣化速度をそれなりに調整することで、石全体の形状が保たれています。換言すると、静止という行動を発現していると言えます。

このとき、劣化速度の調整、すなわち、石全体としての静止行動に関わらない石の「他の部位（の分子）」も、まちがいなく何らかの活動をしています。その活動の仕方によっては、石全体の変形、すなわち、「静止」に対する「余計な行動」が発現するかもしれません。したがって、静止が発現しているときは、「他の部位」は活動を調整することで、余計な行動の発現を抑制＝潜在させていることになります。このように、石においてさえ、「隠れた活動部位」＝「石の心」が存在しているとみなすことも可能なのです。したがって、私たち観察者は、石を未知の状況に置くことで予想外の行動、たとえば「あり得ないような変形」を見いだすことが論理的にはできるはずです。

心を見いだす流儀

それにしても、石にとっての未知の状況とは、どのようなものなのでしょうか。水をかけるのか、火をつけるのか。残念ながら、私には思いつきません。この未知の状況とは、予想外の行動の発現を「促す」ものを意味しているので、未知なら何でもよいわけではないのです。では、どのようにすれば見つけられるのでしょうか。

前述した「味と視覚刺激との『不一致』実験」のように、人間の場合には、未知の状況の一例として、「飲料からは想像できない絵を同時に見せながら、飲料を飲んでもらう」という状況を設定できました。この場合も、未知の状況だからといって、飲料の温度を極端に冷たくしたり、逆に熱くしたりすることは、決して予想外の行動を導きません。ではなぜ、味と視覚刺激との不一致を、未知の状況として設定できたのでしょうか。究極的にはそれは、私が生まれてから数十年来、人間と付き合ってきたからにすぎないと思います。人は対象と長く付き合うことで、その対象が状況に応じてさまざまな行動を発現することを学んでいるのです。

私が中学生のとき、家に遊びに来た友人が、食卓に置かれたコップ一杯の牛乳を指して「喉《のど》が渇《かわ》いてどうしようもないから、飲んでいいか」と聞くので「いいよ」と答えました。すかさずコップに口をつけた彼でしたが、一口飲んだところで、何とも言えない顔をしました。聞くと、中身は実はカルピスだったのです。優等生で、爽《さわ》やかな笑顔が印象的な彼でも、結構おかしな表情を作れるものなのだなあと思ったことを、今でもよく覚えています。

このように、私たちは、普段からさまざまな対象と付き合いを続けることで、その対象の普段の行動を知り、それとともに潜在する予想外の行動を知っていきます。そして、普段の行動に接するときに、同時に、潜在する予想外の行動の「気配」を感じるようになっていくのです。この過程を通して、予想外の行動を発現させられる状況を自然に学んでいきます。

このように、ある観察対象において、潜在する予想外の行動を自発的に発現させる未知の状況を設定するには、ある「流儀」が必要で、私は、それはその観察対象ととことん付き合い、各行動がどのような状況で発現するかを学ぶことだと考えています。それしかありません。したがって、石において予想外の行動を引き出す未知の状況を設定できる人がいるとすれば、それは石の専門家、たとえば、その研究者や石工、石の芸術家などでしょう。そのような方の中には、石に心があると感じている人もいるのではないでしょうか。

ジュラルミン板の心と職人の流儀

私自身には、石に対して未知の状況を設定することはできないと思いながらこの文章を書いているとき、テレビで板金職人の仕事が紹介されていました。その人は、金属の板から曲面を作る「打ち出し板金」の職人でした。新幹線の車体の、あの見事な曲線を、ハンマー一本で平らな鋼の板からたたき出す、職人中の職人です。全く偶然出合ったこの番組で、私は、ジュラルミン板の心を捉える職人の姿を見ることができたように思いました。

その職人に、あるときリニアモーターカーの車体製作の依頼が入りました。車体の素材は超ジュラルミン板です。しかし、初めて取り組む超ジュラルミンの板は反発力が強く、従来の鋼板のようにハンマーで板全体をまんべんなく叩いても、要求通りの曲面が作れず、苦悩し続けました。その様子を見ていた私は、その職人には申し訳ないと思いつつも、「従来のように叩いても曲がらないというのは、対象であるジュラルミンがまっすぐという状態を保つという行動を発現しているということだ。彼は、初めて知り合ったジュラルミンと、とことん付き合おうとしている。いずれはジュラルミンにとっての未知の状況を知り、それを与えればきっと曲がるに違いない。この後職人はどうするのだろう」と、勝手に期待に満ちて、番組を見入りました。

そして納品の期日が目前に迫ったある日、その職人は、従来とは違い、板の中央から外へ向かってハンマーを叩いていきました。すると、思いもかけず、ジュラルミン板はうまく曲がったのです。板は、曲がるという予想外の行動を発現したのです。

この職人は、ジュラルミンの板を叩いて付き合い続けることで、ある特定の性質を十分把握したことでしょう。それは、鋼に対するのと同じように板をまんべんなく叩いても、決して思うようには曲がらないという、彼にとっては手厳しい性質だったでしょう。しかし、それでも叩き続けることで、その性質、すなわち、まんべんなく叩かれるという状況において、変化しないという特定の行動を十分把握したのです。その付き合いの過程では、板が曲がりそうな感触をつかんだ場面もあったでしょう。そのような経験の積み重ねの中で、潜在する予想外の行動の存在をかいま見、体でそれを発現させる状況を習得したのです。だからこそ、あるとき、板にとって未知の状況である「中央から外へ向かって叩かれる」という状況を与えることができたのです。

ジュラルミンの板を構成する金属原子集団にとっては、板の中央から外へ向かって叩かれるという状況は、通常の結合のままでは板としての構造を保てなくなるといった未知の状況だったと考えることができます。そこで、金属原子集団は、それまで抑制=潜在させていた結合を発現しました。

ジュラルミンの板が曲がりだしたとき、職人は、もはや板を曲げようとして叩いていたのではなかったのではないでしょうか。板がどう反応するかに任せたのだと思います。そして板は、これまで潜在させていた行動のうち、「曲がり」を自律的に選択し、発現したのです。この曲がりを引き出したのは、もちろん職人ですが、しかし、彼は、「板を曲げた」とは思わなかったでしょう。「板が曲がってくれた」と思ったはずです。

観察者によっては、心は石やジュラルミンの板にも備わっていて、見いだすことができるのです。ただし、観察対象の心を見いだすには、ある前提が必要です。観察者が、さまざまな状況に応じた観察対象の特定行動を見いだせるよう、対象ととことん付き合うということが、まず必要なのです。

では、次章からは、いよいよ、ダンゴムシの心を見いだす実験を紹介していきましょう。それは、私とダンゴムシの付き合いの歴史でもあります。

第二章

ダンゴムシの実験

会社で学んだこと

私がダンゴムシを使った研究を始めたのは、神戸大学大学院の博士課程に進学したときでした。それ以前、同じ大学院の修士課程では、実はタコを使った研究をしていました（この研究は第四章で紹介します）。そして修士課程を卒業した後は、電機メーカーに就職しました。会社では、電車の推進制御装置の新製品開発グループという部署に配属され、主に装置とその心臓部である大電力半導体の開発に関わりました。会社というところは人材育成がしっかりしたところで、畑違いの私は多くの人に助けられ、とても充実した日々を送りました。

ところで、会社にいるときに心に残った言葉があります。それは、装置に電気を通すときに使われる「火を入れる」という言葉です。装置を出荷する前には、何度も入念な検査が行われるのですが、そのときは、もちろん装置に電気が通され、試運転が行われます。その電気を通すとき、検査を担当する人は、「電気入れるぞ！」とか「スイッチオン！」と言うのではなく、「火、入れるぞ！」と言うのです。

この表現は、おそらく、鉄道にまだ蒸気機関車が使われていたころ、燃料の石炭に火をくべたことの名残だったのでしょう。しかし、その言い方が今で[illegible]っているのは、単に伝統というのではなく、装置の製作に携わる人たちには[illegible]置に電気が通ると、整然と配置された電機品に「火がともる」のが見えるからだと[illegible]。

装置の製作に関わると、通電とともに各電機品が実際に熱を出すこと、それによってそれらは変形、劣化しつつも、部品として一定の働きを続けることを知ります。構造的に変形、劣化しつつ、激しい電流を制御し、抵抗で熱をほとばしらせる各電機品は、筋力を極限まで使い、体をねじらせながら躍動し、汗の湯気を上げるアスリートと同じです。そして、製作に関わった人たちは、電機品の中にも、アスリートの中で燃えたぎるのと同じ炎を感じます。だからこそ、通電の合図は、「火、入れるぞ！」なのです。

電機品は、変形しつつも実直な動作を続けるというのが現実です。もちろん、製作者は変形による劣化の程度が低い安全な期間内でそれらを使用することを前提とします。しかし、使用中起こりうるあらゆる変形を予測することなどできません。したがって、製作者は、そのような「未知の変形にも耐えられると信じて」製品を使います。それは、「電機品が、予想外の挙動で未知の変形に対処することを信じる」ことです。

「電機品には心がある」とはだれも言いません。しかし、そのように扱っていること、すなわち、「電機品が未知の変形に対して予想外の挙動で対処する潜在力をもっていること」を信じていることは確かです。なぜなら、実際に製作者がどの電機品を採用するのかの決め手は、その試験、すなわち付き合いを通じて得る「不測の事態でも耐えられるだろう」という判断＝信頼に尽きるのですから。

ダンゴムシとの出会い

このように、会社で装置の製作に関わり、仕事がおもしろくなればなるほど、「心」のおもしろさにより惹かれるようになった私は、入社二年目の冬に、元の研究室の博士課程に進学し、もう一度心の研究をすることに決めました。そして、ちょうど三年を過ごした一九九六年の春に会社を退職し、再び研究の道へ戻りました。ただ、どんな動物を使うかを、当初は決めあぐねていました。

　そんなある日、研究室でコーヒーをすすっていると、指導教官が、新[illegible]きました画像計測装置のテストのために、大学の庭からさまざまな生き[illegible]

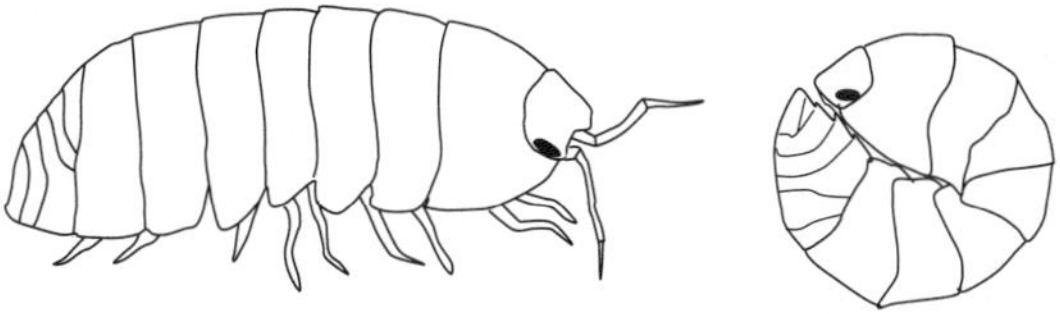

図3　オカダンゴムシ
歩く様子（左側）と球形化した様子（右側）。

た。その中にダンゴムシがいました。それを見た瞬間、これだ、と思いました。

この動物なら身近にたくさんいるし、装置も小型で多様なものを、短時間で安く作れる。まさしく、心置きなく、とことん付き合える絶好の相手だ、と思ったのです。また、中枢神経系の構造が以前用いたタコよりも単純であるため、この動物に心があることを示すことは、将来、物質に心を見いだそうとするときの、また、私の考えに呼応して物質に心を見いだそうと思ってくれるかもしれない人にとっての励みになるのではないかと思いました。そして、ダンゴムシの心の働きを見る研究を即座に始め、今も続けています。

ダンゴムシの生態と分類

私が実験で用いているダンゴムシは、生物学的には、

「オカダンゴムシ」という動物です（図3）。学名は、*Armadillidium vulgare* です。庭先の石や落ち葉の下など、暗くて湿った場所でよく見かける、体長1センチメートルほどの黒っぽい小さなムシです。皆さんもおそらくご存じの通り、彼らは触《さわ》られると、体を球状に丸めます。丸くなる様子や歩く姿に愛嬌《あいきょう》があるせいか、小さな子どもたちにはかなり人気があります。娘が定期購読している幼児向けの雑誌では、毎年ダンゴムシの特集号が発行されています。大人でも、たとえば市民参加型の調査が人気のようです[3]。

ダンゴムシは全世界の温暖な地域に生息しています。人の生活する環境で見られるにもかかわらず、日本の古い書物に登場しないので、外来の帰化動物と考えられています[4]。森や林には、日本の在来種と考えられているコシビロダンゴムシという小型のダンゴムシが住んでいます。

この動物は、エビやカニと同じ甲殻類という動物群に含まれます。ですから、ムシといっても昆虫ではありません。もう少し細かく分類すると、等脚目という動物群に含まれます。仲間には、浜で見かけるフナムシ、陸に生息し、ダンゴムシに見かけが似ているけれど体を丸めないワラジムシ、そして水深数百メートルの海底に

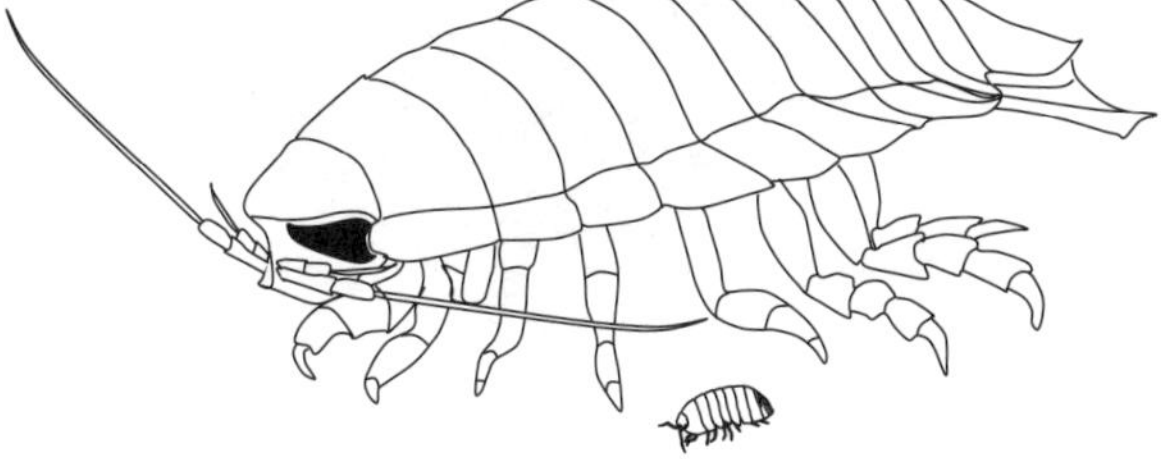

図4　オオグソクムシ
サングラスのような複眼、長い触角、頑強な脚が目を引く。足元にいるのが、ほぼ同縮尺でのダンゴムシ。

生息し、体長は12センチメートルほどにもなるオオグソクムシ（図4）などがいます。ちなみに、私の研究室では、勇気ある学生がオオグソクムシを飼育し、行動に関する実験をして成果を挙げつつあります[5]。

このように、等脚目の動物は、深海から浅瀬、そして内陸までという広い範囲に分布しています。「目」という一つの分類群で、このような多様な生息域を持つものはあまり多くありません。ちなみに、私たちヒトやチンパンジー、サル、ゴリラなどが仲間として含まれる霊長目の生息域は、もちろん陸上だけです。ダンゴムシは、実は、多様な生息域を持つ等脚目の動物の中で、陸上生活に最もよく適するように進化した動物種なのです。

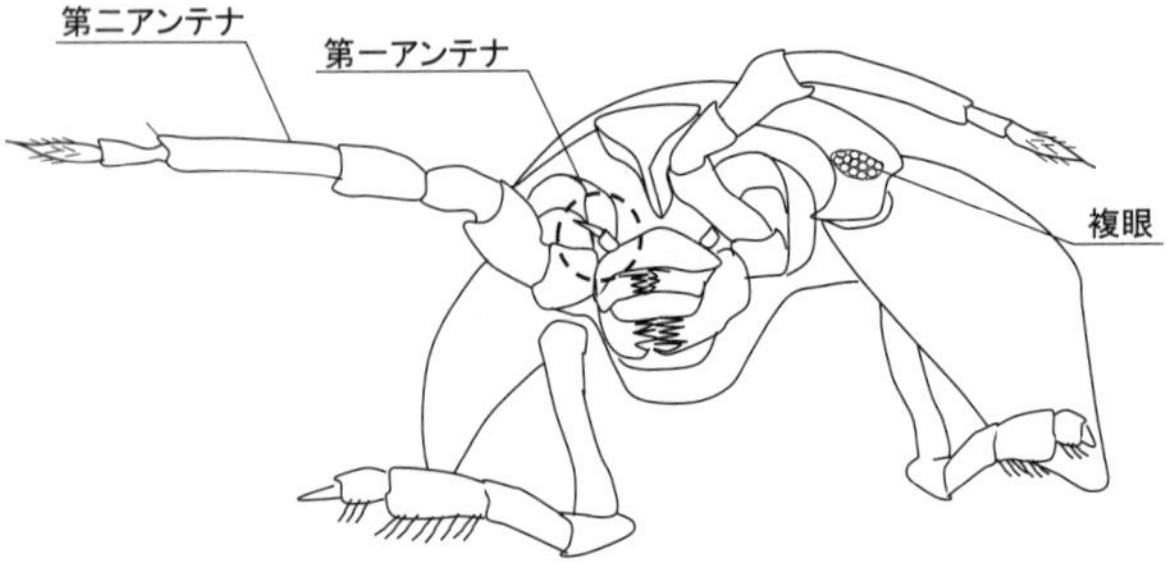

図5　ダンゴムシの頭部
腹側から見た図。複眼は反対側にもう一つある。

ダンゴムシの体と生活

ダンゴムシの体は丸っこく、つやつやと黒光りして結構きれいです。それは、キチン質という硬い表皮で覆われているからです。この体は鎧《よろい》のようにいくつかの節に分かれていますが、目立つのは胸の七つの節です。それぞれの節に一対の脚があり、主にこれら七対、計十四本の脚を使って歩行します。通常、速さは秒速約7ミリメートルです。脚には細かい毛が生えているので、塀《へい》など垂直な面に登ることもできます。

ダンゴムシは、私たちヒトのような視覚をもっていません。図5のように、頭には二つの小さな複眼がありますが、その構成要素の個眼が二十個程度しかないため、明暗を感じるだけで、形を知覚することはできないと考えられています。ちなみに、形を捉えていると思われるフナムシでは、複眼中の個眼の数は五千ほどです。

視覚の乏しいダンゴムシですが、その代わり、頭の先端にはよく目立つ第二アンテナ（触角）と、虫眼鏡で拡大しないと見えないほど小さな第一アンテナがそれぞれ一対あり（同図）、第二アンテナを盛んに動かしてあたりを触りながら移動し、また、第一アンテナでエサの匂いを敏感に察知します。

雑食で、落ち葉や虫の死体などを食べるいわゆる分解者ですが、ニンジンや白菜などの野菜もよく食べるので、農学的には害虫です。フンは長方形で、通常黒っぽく、エサを食べた翌日までに排出されます。匂いもなく、サラサラしていて清潔な感じです。ちなみに、ニンジンを与えた後は、フンは鮮やかなオレンジ色になります。

乾燥に弱いため湿ったところを好みますが、そうかと言って、水たまりに積極的に入っていくことはありません。なぜなら、彼らのお腹には、よく目立つ白い一対の擬気管という呼吸器官があり（図6）、これが長時間水へ浸ったままになると、窒息して死んでしまうからです。

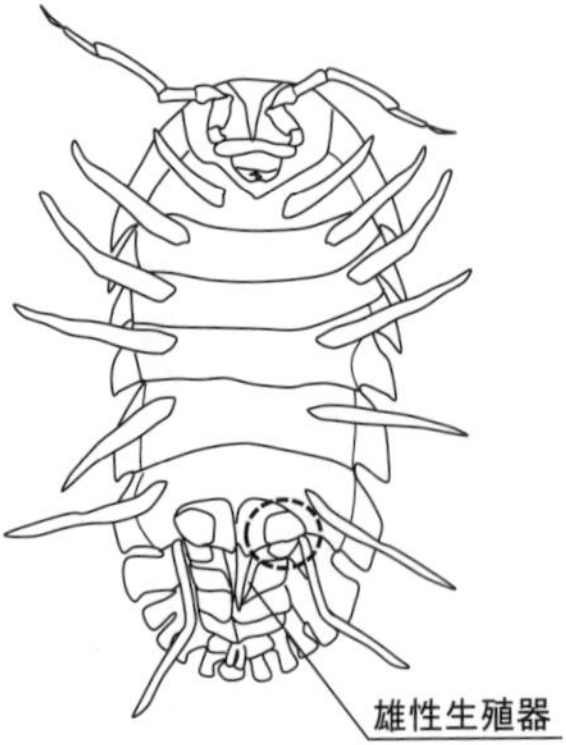

図6　ダンゴムシの腹部
破線内が擬気管。左側にもある。図では、雄性生殖器も一対見られる。

飼育を始めるまでは、ダンゴムシの寿命は一年だと思い込んでいて、まさか彼らが越冬できるとは思いもしませんでした。ときどき見かける、体長が人差し指の先ほどの大きな個体は、越冬と脱皮を繰り返し、数年生き延びている個体です。

成長のための脱皮の様子は興味深いです（図7）。まず、体全体の古い表皮が白っぽくなって浮いてきて、動きが鈍くなります。その後、体の後ろ半分の古い表皮が、次いで前半分が脱げます。脱皮直後の表皮は柔らかく、硬くなるまで数日かかります。そのため、この時期の外敵からの攻撃は致命的です。また、腹をすかせた他個体に狙われるのもこの時期です。体の後ろ半分から脱皮が起こるのは、まず逃げるために後ろ半分の脚を固め、それから大事な感覚器官の集中する体の前半分を脱皮するためだと言われています。

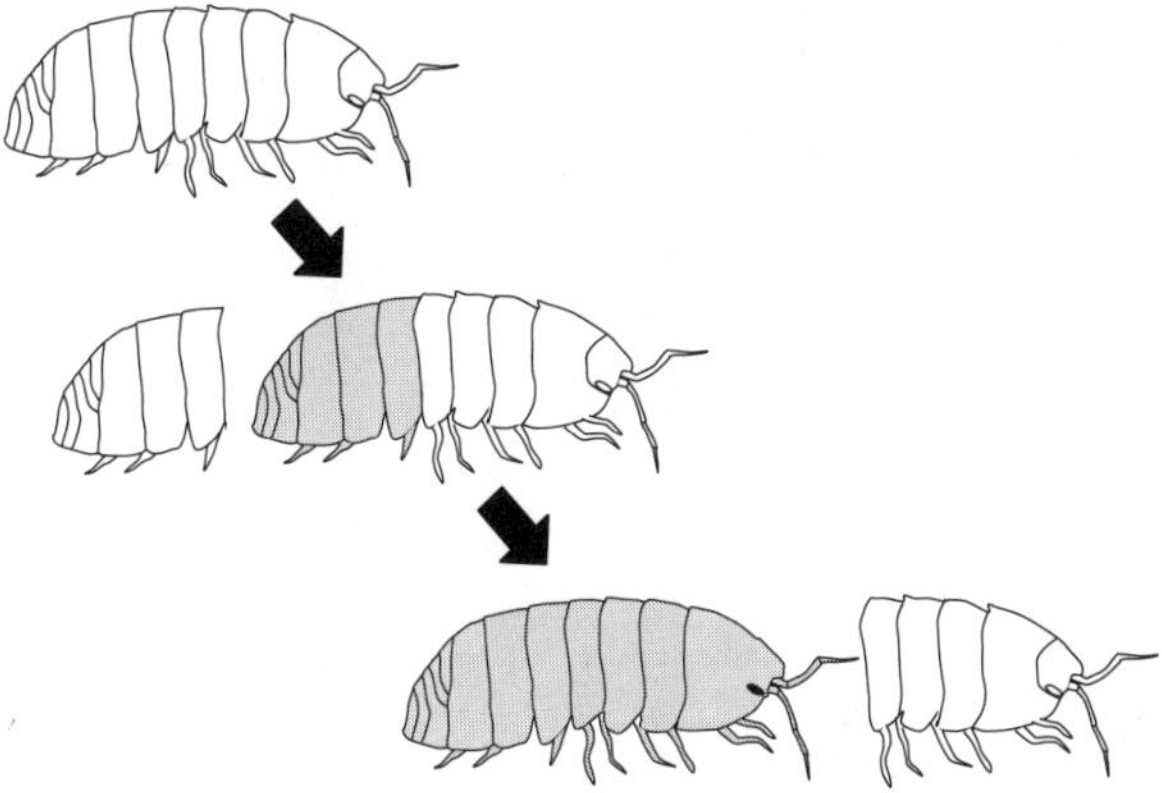

図7 脱皮の様子
上から順に、全体の殻が浮いた様子、後ろ半分の殻が抜けた様子、前半分の殻が抜けた様子。

脱げた殻は、脱いだ個体が食べてしまいます。

交尾の時期は、地域によって多少異なりますが、春と秋の二回です。卵はメスのお腹にできる覆卵《ふくらん》葉《よう》という袋状の育房の中に生み出され、子どもはそこで孵《かえ》り、袋を破って出てきます。痛そうですが、メスは死んでしまうわけではありません。

あなどれない飼育

飼育は簡単だと思っていましたが、実は、彼らと付き合い続けもう十年になろうという近年、ようやく安定して飼える自信がついてきました。一番自信を与えてくれたのは、体長数ミリメートルの赤ん坊を1センチメートルほどの成体まで育てられるようになったことです。しかしそれは、つい三年前のことです。

　通常、実験を行う一カ月ほど前に、一度に五百匹ほどの個体を採集します。その集団を約百匹ずつのグループに分け、それぞれ大型のタッパー（8リットル）で飼います。タッパーの中には湿った土を2センチメートルほど敷き詰めます。土の表面が乾ききらないように、毎日一度、霧吹きで水を撒《ま》きます。気温は、成長の最適温度といわれる20～25℃[6]に保ちました。

　死亡した個体は見つけ次第取りのぞきます。死亡個体は、容器内の環境の良し悪しを判断する指標になります。「仰向けで動かなくなっている」、「脱皮を失敗した」、「他個体に食べられた」、といった死体は問題ありません。このような死体は、たいてい干からびてカラカラになっています。

　しかし、「放置されたカニの殻のような死臭が強い」、「エビ反りになっている」、「体に白や黄色の粉のようなもの（おそらくカビ）が付いている」、といった場合は要注意です。このような死に方は、病原菌やカビの感染によるものだからです。このような死体は、たいてい湿ってベッタリした感じになっています。何より、他の個体に食べられません。ただちに死体周囲の土とともに、取りのぞきます。土に悪性のカビが生えると、それが数日で広がり、個体が集団で死んでしまうので、カビが生えるほどは容器内を湿らせないことが肝心です。このあたりのサジ加減は、付き合っていくうちにわかっていくものです。

エサは5円玉大に切ったニンジンです。週に一度、各タッパーの土の上に八つ置きます。土が悪くならないように、紙の上にニンジンを置いています。置くと、すぐさま個体が集まってきます。同じ動物群のワラジムシと同様、匂いに引き寄せられているようです[7]。

二晩も置けば半分ほどは食べられ、周囲には鮮やかなオレンジ色のフンが大量に落とされます。ニンジンが腐ると土が傷むので、三日目の早い時間に、敷かれた紙とともに取りのぞきます。

交替性転向

飼い始めにはさまざまな基礎実験を行いましたが、あるとき、歩行の様子を見よ

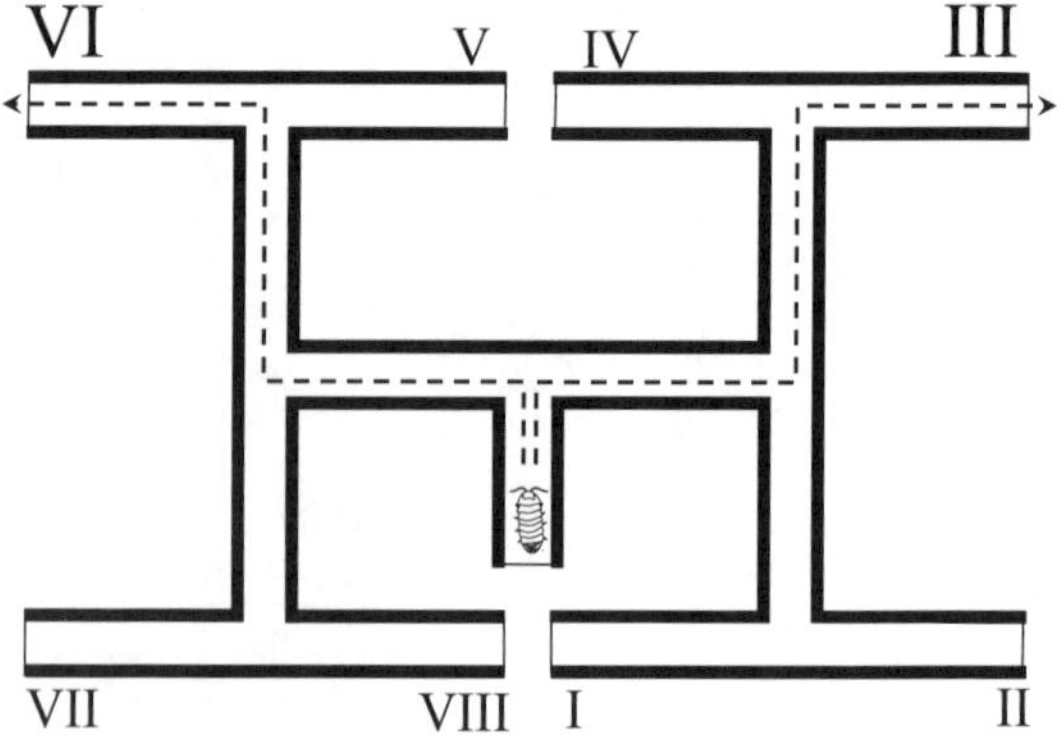

図8　三重T字迷路
各交差点間の距離は4 cm。ただし、スタートから最初の交差点までは3 cm。通路幅は8 mm。

うと、T字通路を組み合わせた迷路に投入しました（図8）。すると、多くの個体が特定のゴールに達することがわかりました。同図では、ⅢかⅥへ約八割が達しました。すなわち、彼らは連続するT字通路をジグザグに歩いたのです。

この実験は簡単なので、だれでも試すことができます。実験装置は厚紙で十分ですが、工作用紙を使うと格好よくできるでしょう。ただし、ダンゴムシが触れる内壁に大きな凸凹や汚れがあると、彼らはそれを気にしてしまい、ジグザグが見られなくなってしまいます。たとえば、左に曲がるはずのT字路で、右に曲がってしまったり、引き返してしまったりします。ですから、なるべくきれいに作りましょう。

寸法は同図の値が適当です。まずは図の通りに実施して、その後、通路幅や通路長、色などさまざまな要素を変えて実験すると、いろいろなことがわかると思います。新発見の可能性も、もちろんあります。

さて、過去の研究を調べてみると、このジグザグ歩行は「交替性転向（Turn Alternation）」という行動の連続で生じることがわかりました。交替性転向とは、「ある時点の転向方向が、その直前の転向方向の反対になる」という行動です。この行動は、ヒトからゾウリムシに至る広範囲の動物種で観察されることが、もう四十五年も前から知られています。[8] しかし、それを引き起こす仕組みは未だはっきりしていません。ダンゴムシやワラジムシでは、この行動が起こる説明として、次のような仕組みが推測されています。

交替性転向の意味と仕組み

止まっているダンゴムシに、指で触るといった捕食者を思わせるような接触刺激

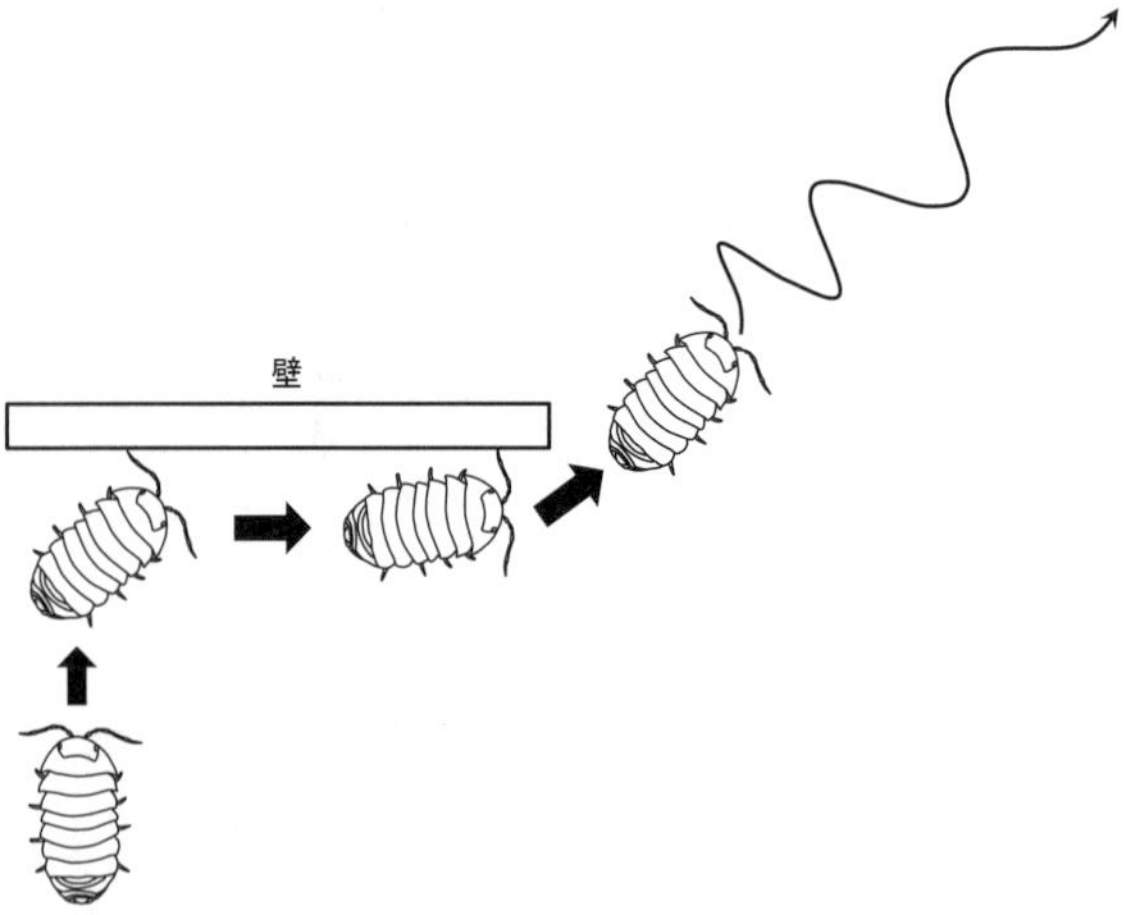

図9　交替性転向の様子

を背中に与えると、丸まるよりは、一目散にまっすぐ歩きだします。歩いているダンゴムシに同じことをすると、歩みを速めます。捕食者からできるだけ早く遠く離れるには、背を向けてまっすぐ進むのがよいからでしょう。丸くなるのは、おそらく、よほど観念したときです。

ところで、未知のことだらけの自然界では、障害物によって直進が妨げられることがしばしばあるでしょう。そのようなとき、ダンゴムシは、障害物に遭遇して右(左)へ曲がった場合、体の左

（右）側をその障害物へ接しながら移動して、障害物から解放されるとき、まっすぐではなく、左（右）へ曲がっていきます（図9）。すなわち、交替性転向自体は、T字通路でなくとも、一枚の板さえあれば観察可能なのです。この性質によって、ダンゴムシは、障害物に遭遇しても元の進行方向、すなわち逃げるべき方向へと移動の方向を修正できます（同図）。また、実験前にピンセットでつままれるなどして、天敵との遭遇を模した状況を与えられてからT字迷路装置に導入される個体と、飼育箱から自発的に装置へ侵入することを許される個体を比べると、前者のほうがより正確にジグザグ歩行をするのです。[9] 交替性転向には、このように、「逃避」という生態学的に重要な意味があるのです。

ダンゴムシの含まれるワラジムシ亜目の動物では、主にワラジムシを用いた研究によって、「BALM（Bilaterally Asymmetrical Leg Movements：左右非対称脚運動）」という機構が、交替性転向を実現すると推測されています。[10]「左右非対称脚運動」は、動物の左右の脚の活動量を調整する神経機構として推測されています。図9でダンゴムシが障害物に遭遇して右へ曲がる場合、左側（アウトコーナー）の脚の活動量が右側（インコーナー）の脚のそれよりも多くなります。なんといっても脚が七対ありますから、このようにしないと、うまく曲がれません。「左右非対称脚運動」はこの活動量の違いを次第に小さくする仕組みで、前記のように右へ曲がった後は、下がった右側の活動量を上げ、左側のそれを下げようとします。その結果、ダンゴムシの個体全体は、左向きに方向づけられるので、障害物から突然解放されれば、自ずと左へ曲がっていく、というわけです（図9）。そして解放後は、ある程度のところで今度は左の活動量が上がり、右のそれが下がります。このようにしながら、左右の脚の活動量の差を次第に少なくしていきます（同図）。

このように、左右の脚の活動量差は次第になくなっていきますから、最初に右に曲がってから障害物が途切れるまでの距離が長いと、解放されるころには活動量の差がなくなってしまい、左方向の転向が生じなくなってしまいます。その距離が4センチメートルだと約八割の確率で左に曲がりますが、16センチメートルになると、その確率は五割になってしまいます[11]。

注意すべきことは、「左右非対称脚運動」を提案した研究者は、交替性転向が「左右非対称脚運動」のみで起こるとは言っていないことです。少なからず、長いほうの「第二アンテナ（以下アンテナ）」の関わる「走触性」も関与すると言っています。広い床を歩いているダンゴムシの一方のアンテナのみに、鉛筆の先を上手に軽く当てると、ダンゴムシは触れられたアンテナの方向に進行方向を変えます。このように、触れられたアンテナの方向へ体の向きを変えることを、本書では「アンテナ性の走触性」と呼ぶことにします。

この「アンテナ性の走触性」でも、交替性転向を説明できます。直進を続けていたダンゴムシが、図9のように壁に遭遇して右に曲がったとします。すると左のアンテナが壁に触れ、アンテナ性の走触性により壁伝いの移動が続きます。このとき、個体には左へ進もうとする傾向が常に生じているはずです。そこで、急に壁がなくなると、勢いあまって個体は左へ曲がります。このようにして、左右という交互の転向、すなわち交替性転向が説明されます。私自身も、交替性転向は、「左右非対称脚運動」と「アンテナ性の走触性」の両者がともに働いて実現されていると考えています。

特定行動としての交替性転向

私の研究目的は、観察対象であるダンゴムシの心の働きを現前させることでした。

心の働きとは、「状況に応じた行動の発現を支えるために、余計な行動の発現を抑制＝潜在させること」です。そしてその働きは、私たち観察者が、観察対象を「未知の状況」に遭遇させ、「予想外の行動」を発現させることで確かめられます。

ここで、未知の状況を与えるには、私たちは、未知でない、「既知の状況」を知っていなくてはなりません。既知の状況とは、ある特定の行動がいつも見いだされる、ある特定の状況です。この特定状況を見いだすには、観察対象ととことん付き合わねばならず、それは、避けることのできない流儀（第一章参照）でした。

私は、ダンゴムシを飼育し、さまざまな基礎実験を行う中で、交替性転向を見いだしました。この行動は、すでに別の研究者によって発見されていました。しかし、私としては満足でした。予備知識もなく、彼らと付き合ううちに、自ずとそれを見いだせたのですから。そこで私は、交替性転向を、「予想外の行動を見つける前提となる特定行動」としました。

ダンゴムシの場合、実験室では、たとえば壁があるといった「転向を生じさせる状況」が「特定状況」で、この状況で生じる「交替性転向」が、「特定行動」です。

この状況は、自然界において、偶然大きな石に遭遇するといった場合に相当します。

壁があるという状況における交替性転向の発現は、それ以外の行動の発現が抑制され、潜在させられることで実現するはずです。その役目を担うのが、ダンゴムシの心です。そして、「未知の状況」において潜在させられた余計な行動を「予想外の行動として発現させるのも、ダンゴムシの心です。以下では、潜在する、交替性転向以外の行動を発現させる方法、すなわち、ダンゴムシの心の働きを現前させる方法を考えていきます。

未知の状況としての多重T字迷路実験

「壁を置く」という、交替性転向を発現させる「特定状況」に対し、私は、未知の状況として「多重T字迷路」を用意しました。それを実現する装置は図10のとおりです。装置を上から眺めると、T字通路が左右に二つ並んでいるのが見えます。二つの通路は、それぞれ直径5センチメートルの円柱でできたターンテーブルの上面に載っています。実験者の私がこのターンテーブルを手で回すことによって、載っているT字通路が回ります。両T字通路の間には、両者をつなぐための「接続通路」があります。

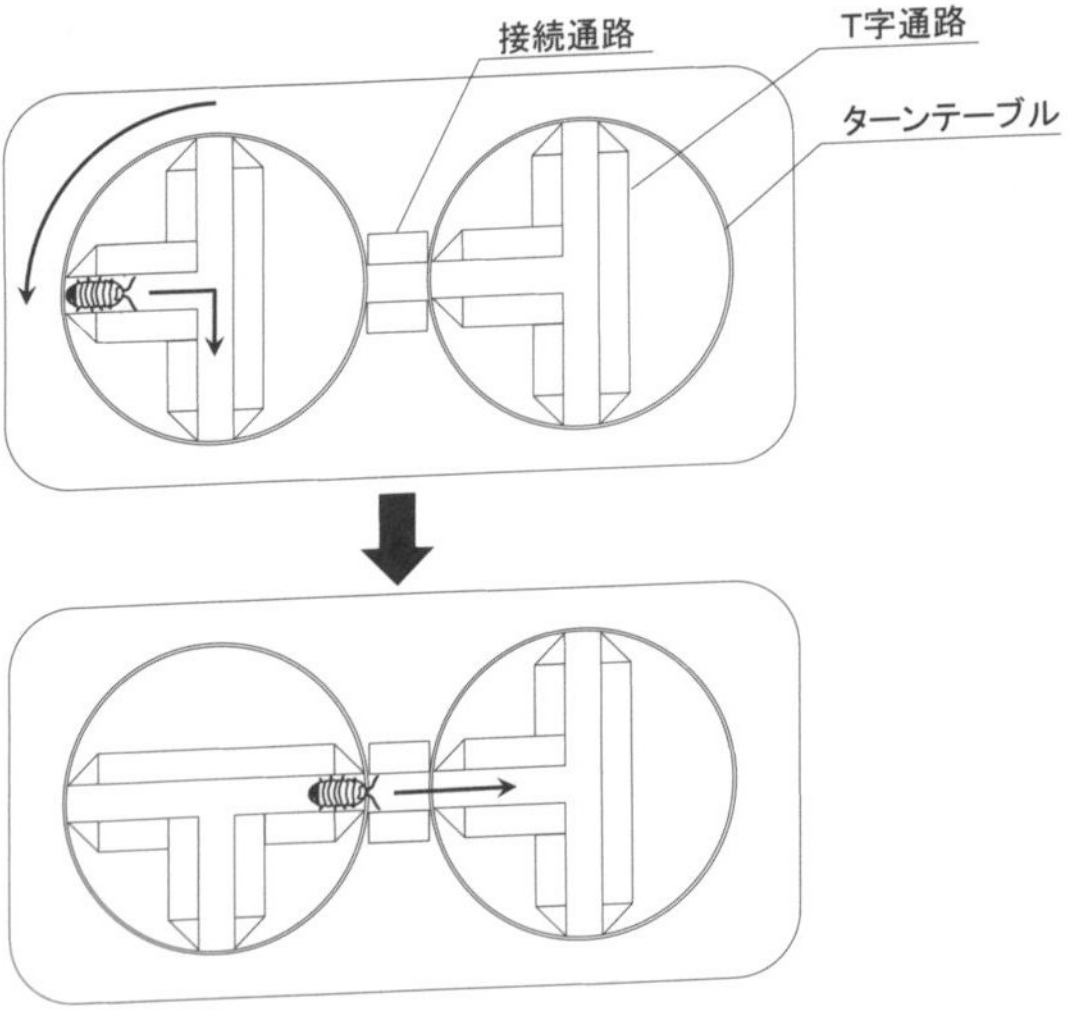

図10　多重T字迷路装置
交差点間の距離は6cm。通路幅は6mm。

ダンゴムシはまずどちらかのT字通路に入れられます。そして、T字路に突き当たると、左右どちらかの通路を選びます。さらに歩き続けると、そのうち通路は途切れるので、その直前に、私はターンテーブルを回し、個体を接続通路へと導きます。個体は接続通路内を進んでもう一方のT字通路に入り、同様にT字路で左右どちらかの通路を選択します（図10）。

このように、ターンテー

ブルを回して個体を二つのT字通路に繰り返し導くことによって、個体に左右の通路選択を何回も行わせました。予備実験では、個体がT字路で曲がる際に、壁を支えに立ち上がるような格好になることがまれにありました。そのとき、もし壁の表面が粗いと、剛毛の生えた脚を使って壁を登ってしまうことがありました。そこで、通路の内壁には表面がツルツルしたテフロンシートを貼りました。ただし、直進路である接続通路では、個体はまっすぐ歩くだけで立ち上がるような格好にはならないので、その内壁は素材の木材のままでした。

実験では、十二個体それぞれに対し、一日に百試行（以下では、一回のT字路への遭遇を「一試行」と呼びます）が続けて二日間、すなわち、計「二百試行」が与えられました。一日当たりの実験時間は約三十分でした。この状況は、ダンゴムシにとって文句なしに「未知」でしょう。この実験状況を自然界で考えると、それは、石や壁のような障害物に遭遇し、交替性転向で迂回しても、次から次へと新たな障害物が現れる、という状況です。しかも、「百の壁」です。このような未知の状況で、ダンゴムシはどのような行動を発現したのでしょうか。

多重T字迷路という未知の状況において、ダンゴムシには、歩行を止めてしまうという選択もあったはずです。しかし、厳しい自然界で生きる生物にとって、不用意に停止してしまうことは、捕食者に身をさらすことであり、生命を危険にさらすだけです。未知の状況では、それが状況の打破につながるか否か定かでなくとも、新たな行動を迅速に発現させ、「あがいてみる」ことこそ得策です。そこで、普段は抑制され潜在している「変則転向」が、ダンゴムシの心によって自律的に選択され、自発的に発現したのではないか。私はそう考えました。

行き止まり実験

ところで、紋切群はなぜ交替性転向に固執したのでしょうか。その理由は、この個体群における未知の状況を察知する能力が、変則生成群におけるそれよりは高くなかったからでしょう。そのような個体差は、あるほうが普通です。紋切群は真面目なのか、頑固なのか、あるいはおっとりしているのかもしれません。

変則生成群は、自然に生きる動物として、より普通の性質をもっていたのではないでしょうか。そしてそう考えることで、次のようなことを期待しました。それは、もし変則生成群のほうが紋切群より未知の状況に気づく能力が高いのならば、この実験とは異なる別の未知の状況を与えると、変則生成群において、変則転向とは異なる新たな予想外の行動が見いだされるのではないか、ということでした。

そこで、この仮説を確かめるために、前述の実験の翌日に、新たな実験を行いました。各個体は再び同じ装置に入れられ、前日と同じようにT字路を連続して与えられました。ただし、今回の実験では、五十一試行目から、手順を次のように変更しました。個体は、T字路で左右どちらかの通路を選択し、もう一方のターンテーブルに移され、同じく左右どちらかの通路を選択した後（ここまでは前日の実験手順と同じ）、初めのターンテーブルへ移されるのではなく、「行き止まり」へ導かれました（図13）。

個体は行き止まりで前進が妨げられ、また通路幅が狭いために左右への動きも制限され、しばらくの間、もがくように前後に動きます。しかし、そのうちに後退し、T字路まで戻るとお尻を通路に入れ、すぐに前進してT字路にて左右の通路の選択をします（同図）。そして、もう一方のターンテーブルに移され、同じく左右どちらかの通路を選択した後、再び行き止まり部分へ導かれました（同図）。このよう

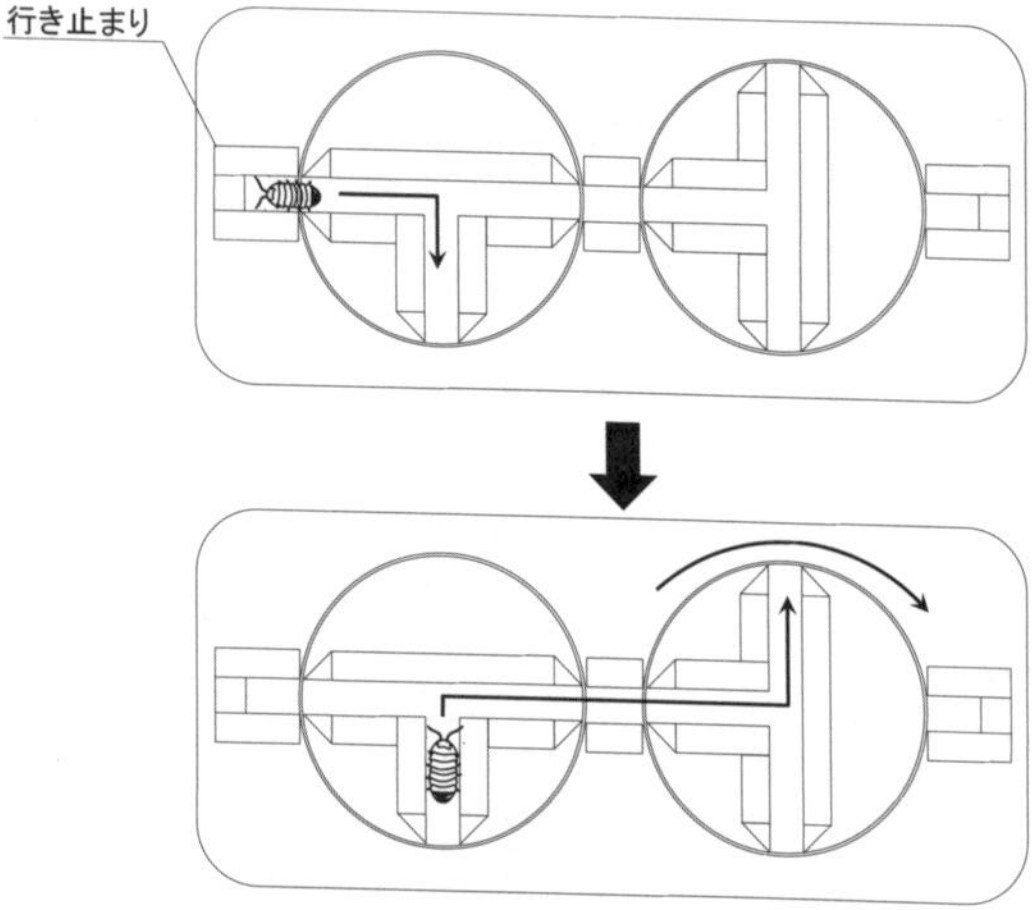

図13　行き止まりへ導かれる様子
上図のように、行き止まりに導かれた個体は、矢印のように後退して交差点へ戻る。下図のように落ち着くと、左右の選択をする。個体は右へ転向し、もう一方のＴ字通路へ進む。その後、矢印のように左へ転向すると、実験者はターンテーブルを右へ回し、個体を行き止まりへ導く。

に、この実験では、ダンゴムシは、「二回Ｔ字路に遭遇した後一回行き止まりに遭遇する」という条件を繰り返し与えられたのです。
　この条件でも、Ｔ字路に遭遇するとき、ダンゴムシは交替性転向を発現しました。また、予想外の行動としての変則転向もしばしば発現しました。しかし、いずれの行動も、身動きのできない行き止まりという未知の状況へ個体を導いてしまったのです。この実験では、個体は特定行動としての交替性転向を発現させても、予想外の行動としての変則転向を発現させても、身動きのとれない行き止まりへ自身を導くという、前回の実験状況とは異なる、そして、より危機的な未知の状況に陥ったのです。

壁登り行動の発現

実験の結果は興味深いものでした。前回の変則生成群の五個体すべてが、なんと、行き止まりを数十回経験すると、突如「接続通路の壁を登り」、装置の外へ出てしまったのです（図14）。前回の二百回、そして今回の、行き止まりが現れる前の五十回、合わせて二百五十回にもおよぶ試行は、

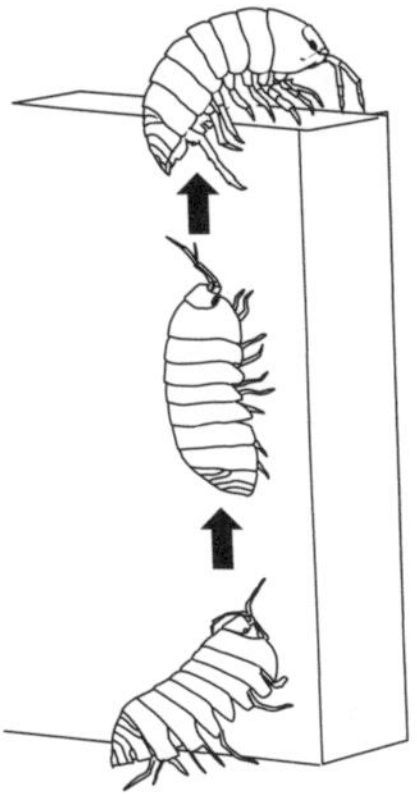

図14　壁登り行動
接続通路の壁を登るときは、まず前方の脚を壁へ掛け、表面をアンテナで探り、次第に慎重にすべての脚を掛けていく。頂上に達すると、アンテナで向こう側を探り、頭を下にして降りていく。

もちろん、実験個体が接続通路の壁を登らないからこそ続けられたのです。すなわち、接続通路の壁はただの「通過点」であったのです。それなのに、行き止まりを与えられると、その部分が突如「通路」に変わったのです。

この「壁登り行動」は、まさに「新たな予想外の行動」です。ダンゴムシは、自然界では、もちろんまっすぐに立った平坦な壁を登ることができます。公園や庭のブロック塀に彼らが登っているのをしばしば見かけます。ただしそれは、雨上がりの後など湿度が非常に高いときにほぼ限られます。

ダンゴムシは湿ったところを好むとはいえ、湿度が高すぎると、体内の余分な水分を放出しにくくなってしまいます。また、人間が汗をかくような、自分で余分な水分を体外へ出す仕組みを持っていません。したがって、雨上がりのような湿度の高いときは、少しでも湿度の低い場所、すなわち、少しでも水たまりや湿った下草から離れた高い場所へと移動し、水分を蒸発させようとするのです。

今回の実験では、実験室の湿度は30~40%と低い状態が保たれていました。にもかかわらず、変則生成群は、「壁登り行動」を発現させたのです。壁登り行動の発現は、普段は抑制されなくてはなりません。なぜならば、乾燥に弱い彼らにとって、より湿度の低い高所へ移動することは、命に関わることだからです。にもかかわらず、交替性転向や変則転向を発現させると身動きのとれない行き止まりへ招かれてしまうという、これまでにない未知の状況では、「最後の手段」とでもいうように、「壁登り行動」が自発的に発現されたのです。

	壁登り	歩きの継続
変則生成群	5	0
紋切および誤動作群	1	6
対照群	2	16

図15　壁登り行動の個体数
変則生成群における壁登りの個体数は、紋切群および誤動作群、対照群それぞれにおけるその群数に比べ、統計学的に有意に多い。なお、対照群とは、多重Ｔ字迷路実験を経験せず、行き止まり実験を与えられた個体群。

登っている最中、この行動がどのような結果を招くか、ダンゴムシは知る由もなかったでしょう。しかし、危機的な未知の状況で立ち止まってしまうのではなく、壁を登ったことで、この状況を発生させる装置自体から逃れることができたのです。逃れた個体は、早速物陰へと隠れていきました。一方、紋切群や誤動作群はめったに壁を登りませんでした。これらの個体は、やはり未知の状況に気づく能力が低いのでしょう。しかしそれは、ただそれだけのこと、個体差があるだけのことです。

このように、前日の実験とは異なる未知の状況を与えると、変則生成群において、変則転向とは異なる「新たな予想外の行動」である「壁登り行動」が現れたのです。結果を図15にまとめました。

ダンゴムシは厳しい自然界で生きています。そこでは、特定の行動の発現が好ましくない結果を招くという「未知の状況」に陥ることがしばしばあるでしょう。そのとき、彼らは、行動できず、事前に決められた行動しかできない機械のように、ただ停止してしまうわけではないのです。未知の状況では、新たな行動を発現させ、「あがいてみる」ことこそ得策です。T字迷路を使った実験では、ダンゴムシは「変則転向」や「壁登り行動」といった予想外の行動を、新たな行動として発現させました。そのような、即役に立つかどうかわからないけれど、意味深長な行動の発現を担える存在は、通常、交替性転向の発現を支えるため、それらの行動の発現を抑制し、潜在させていた、「内なるそれ」としてのダンゴムシの心しかないのです。

水包囲実験

「多重T字迷路実験」と「行き止まり実験」では、ダンゴムシの心は、未知の状況

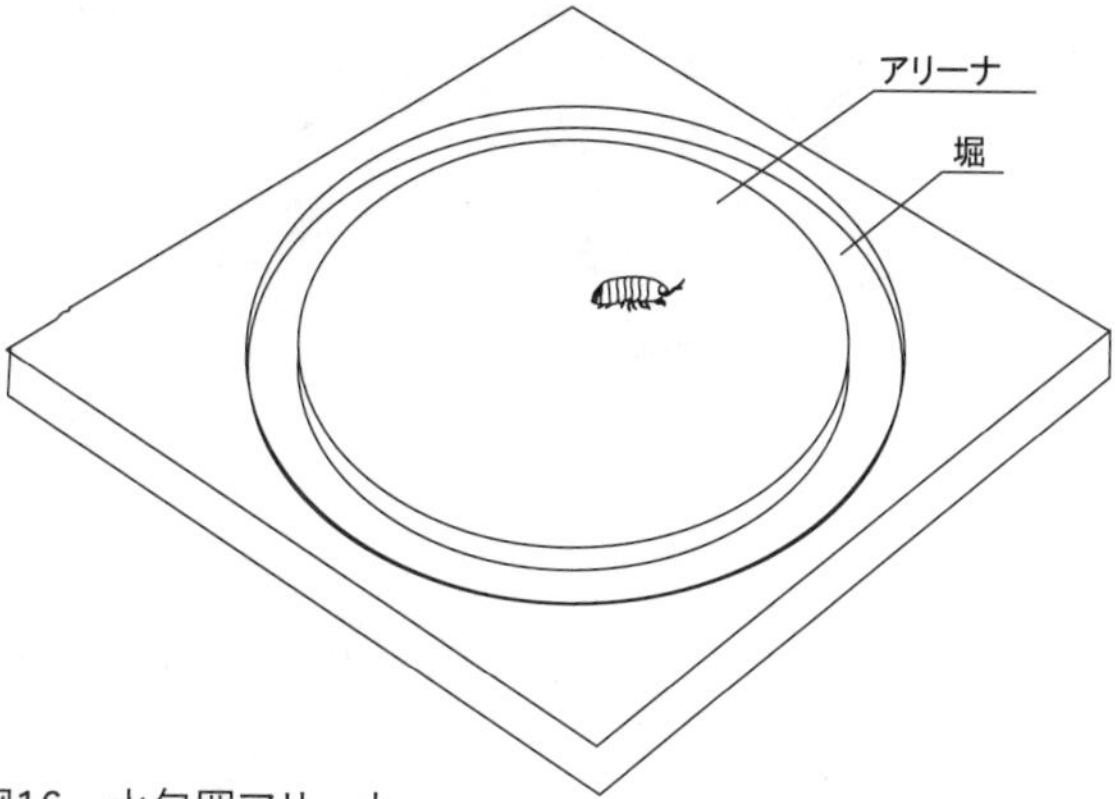

図16　水包囲アリーナ
アリーナの直径は16cm。堀には水が満たされる。

において予想外の行動を発現させられることがわかりました。以下では、さまざまな未知の状況において、ダンゴムシの心がさまざまな予想外の行動を発現させることを示した実験を紹介します。

最初に紹介する実験の方法は非常に簡単です。装置も単純です。ここでは、直径16センチメートルのアクリル製の円盤（以下アリーナ）を用意しました。その中心にダンゴムシを置くと、もちろん歩いてあっという間にアリーナの外へ出て行ってしまいます。そこで、個体をこのアリーナに留めておくためには、通常、壁が設けられます。する

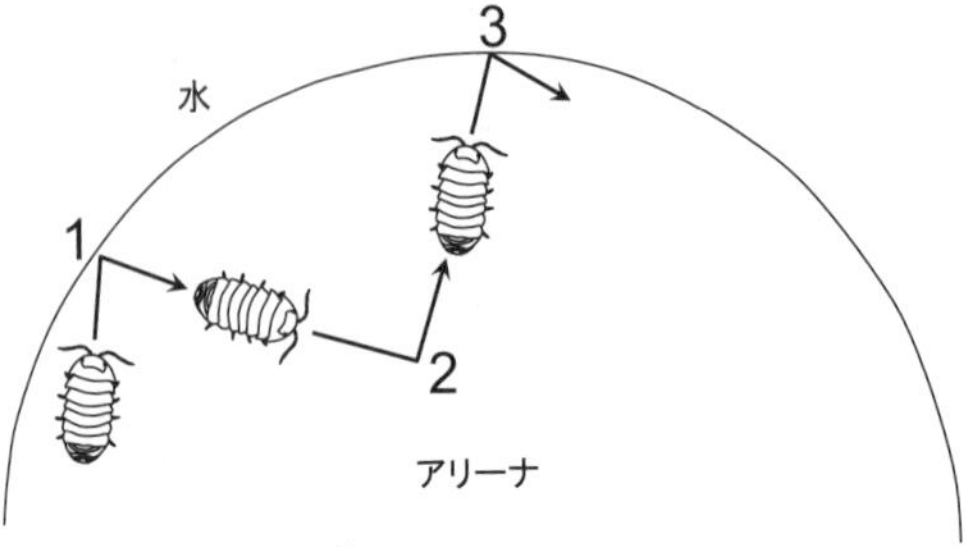

図17　水際を歩行する仕組み
図は強調して描かれている。実際には、より水に近い部分を移動する。

と、彼らは壁に沿って歩き続けます。ただし、今回の実験では、私は、壁ではなく、「水」でアリーナを囲いました。具体的には、周りに堀を作り、水を満たしました（図16）。

すると、この水包囲アリーナでも、彼らは水の入った堀に沿って歩き続けたのです。乾燥に弱いダンゴムシにとって湿度の高い場所は生きるために重要です。しかし、水たまりは別です。彼らは落水すると数十分で窒息して死んでしまいます。したがって、野外でも、個体は水たまりに遭遇すると、決して浸水などせず、そこから離れていきます。

今回の実験では、アリーナの中心に置かれたダンゴムシは、歩いているうちに堀へ達しました。もちろん水には入りませんでした。しかし、あわてて中心部まで引き返したりはせず、堀に沿って歩いたのです。すなわち、危険な水たまりへの接触を続けたのです。では、なぜこのような危険な歩行を続けてしまったのでしょうか。

ダンゴムシはアリーナの中央に置かれると歩きだし、やがて堀へ達すると、中の水にアンテナが触れます。すると、個体は向きを変え、水から離れようとします。このとき、もし右に転向して水を避けると（図17の1）、数センチ歩くうちに、交替性転向として左向きの転向が生じます（同図2）。そして移動を続けると、個体は再び堀に達します。そして水にアンテナが触れると、個体は向きを変え、水から離れようとします。このときの転向の向きは、右です（同図3）。なぜなら、堀へ達する前に生じた転向は、左向きだったからです（同図2）。

泳ぐダンゴムシ

以上のように、水包囲アリーナでは、ダンゴムシは交替性転向を発現させることで、堀に沿って歩き続けたのです。このように、この実験でも「多重T字迷路実験」や「行き止まり実験」と同様に、交替性転向という特定行動の発現が、「水た

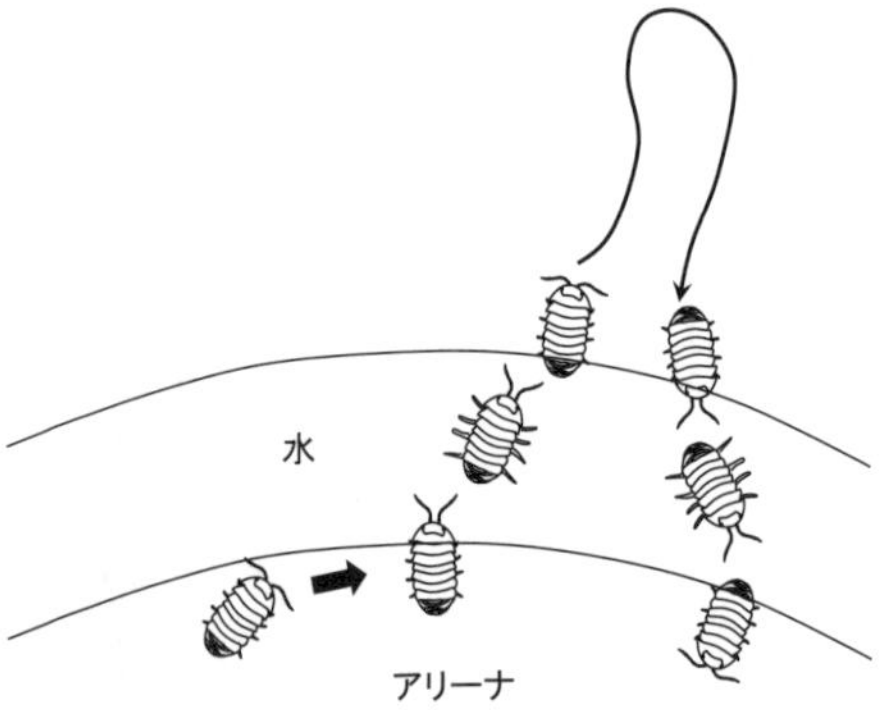

図18　浸水の様子
個体は、アリーナから浸水し、対岸へ上陸し、再び浸水してアリーナへ戻っている。泳ぐときは、脚がめいっぱい開かれる。

まりへの継続的な遭遇という未知の状況」を招きます。したがって、ダンゴムシの心が何らかの予想外の行動を発現させることが期待されます。それは行き止まり実験における壁登り行動のような、通常見られない、予想外の行動でしょう。しかし、この実験では、行き止まり実験における接続通路のざらついた壁のように、予想外の行動が発現するきっかけがありません。

しかし、まずは彼らがどうするかと眺めていると、なんと、「自発的に浸水」する個体が現れたのです。その数は、二十一匹中わずか三匹でした。しかし、各個体とも、水際の歩行をしばらく続けるうちに、次第に特定の水際をアンテナで探りだすようになり、そして「意を決したかのように」そこから浸水したのです（図18）。その様子は、誤って「落水」したのではなく、明らかに「積極的な浸水」でした。

浸水したダンゴムシは水に浮きました。そして脚をバタつかせているうちに、向こう岸へ到達することができたのです（同図）。この現象も非常に不思議です。なぜ、向こう岸のほうへ進めたのでしょうか。そのうちの一匹は、向こう岸へ辿りつき、岸へ上がってしばらく歩いていると、再び堀に遭遇してしまいました。すると、興味深いことに、今度は躊躇なく浸水し、再び堀を泳ぎ、そして元いたアリーナへ戻っていったのです（同図）。このように、水包囲アリーナ実験では、「泳ぎという非常に珍しい予想外の行動」が発現されました。

壁登り行動、再び

ところで、浸水しなかった他の十八個体は、交替性転向を続けていただけなのでしょうか。今回の実験でも、多重T字迷路実験の後に行われた行き止まり実験での接続通路のざらついた壁のような手がかりを与えていれば、より多くの個体が別の予想外の行動を発現できたのかもしれません。

　そこで、この実験で、十五分歩き続けても水に入らなかった個体のアリーナには、引き続き、壁を設けました（図19）。この壁はアクリル製の透明な円柱で、その一部には、個体が登れるように幅1センチメートルの紙やすりを貼りました（同図）。この円柱を、個体が少し水から離れた隙に、彼らに触れないように、そして大きな振動が生じないように、素早く慎重に置きました。個体にとっては、突然水が壁に変わったことになります。すると、今度は十五分もしないうちに、八匹がこの紙やすりの部分を登って外へ抜け出しました。他の十四は、装置内を歩き続けました。

　今回の実験でも、アリーナ上の湿度は50％で、決して雨上がりの

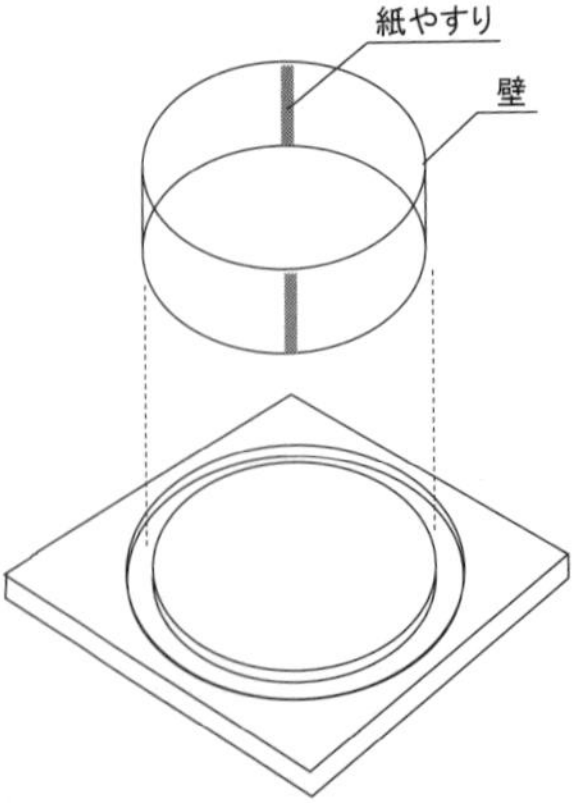

図19　壁包囲アリーナ
壁となるアクリル管の内壁には、紙やすりが二カ所に貼られている。

ような飽和した状態ではありませんでした。したがって、ここでの壁登り行動も、高湿度という状況における特定行動ではなく、未知の状況における予想外の行動と言えるでしょう。

この実験結果は、多重T字迷路を使った「行き止まり実験」のそれと似ていますが、少し違います。多重T字迷路を用いた実験では、（1）T字路に二百回遭遇させられる第一実験で、予想外の行動としての変則転向が五個体で発現し、（2）行き止まりに遭遇させられる第二実験で、新たな予想外の行動としての壁登り行動が、「同じ個体群で発現した」のでした。今回の水包囲実験では、（1）水に遭遇させられる第一実験で、予想外の行動としての「浸水」が三個体で発現し、（2）壁に遭遇させられる第二実験で、予想外の行動としての「壁登り行動」が、（1）で「浸水しなかった十八個体のうちの八個体で発現した」のでした。すなわち、多重T字迷路を用いた実験とは違い、水包囲実験の第二実験で壁登り行動を発現した個体は、第一実験では予想外の行動を発現できていなかったのです。ところで、水で包囲されるという未知の状況で、それら十八個体は、本当に予想外の行動を発現できていなかったのでしょうか。

私は、そんなことはないのでは、と疑っていました。水で囲まれるという状況では、ダンゴムシは、交替性転向を発現させるたびに水に遭遇してしまうのです。通常ならば交替性転向を数回も行えば、行く手を阻む壁や水たまりなどの障害物を回避できるはずです。それが、いつまで経っても水に遭遇してしまうのです。この状況は、多くのダンゴムシにとって未知のはずです。したがって、多くの個体が、交替性転向ではなく、予想外の行動である変則転向を発現させていた可能性がありま す。ただ、水包囲実験の装置では、多重T字迷路実験で見いだされた「変則転向の意味深長な発言率の増減」を見つけるのは難しそうです。

意味深長なパターンを見つける

そこで、実験の記録ビデオをもう一度じっくりと見てみました。そしてある日、水包囲アリーナでの彼らの歩き方に、個体によって、ちょっとした違いがあることに気づきました。それは、「ほとんどの時間水際《みずぎわ》を歩く個体」と、「しばしば、比較的長い時間水から離れ、極端な場合、アリーナの中央部を横切って歩く個体」がいたということでした(図20)。

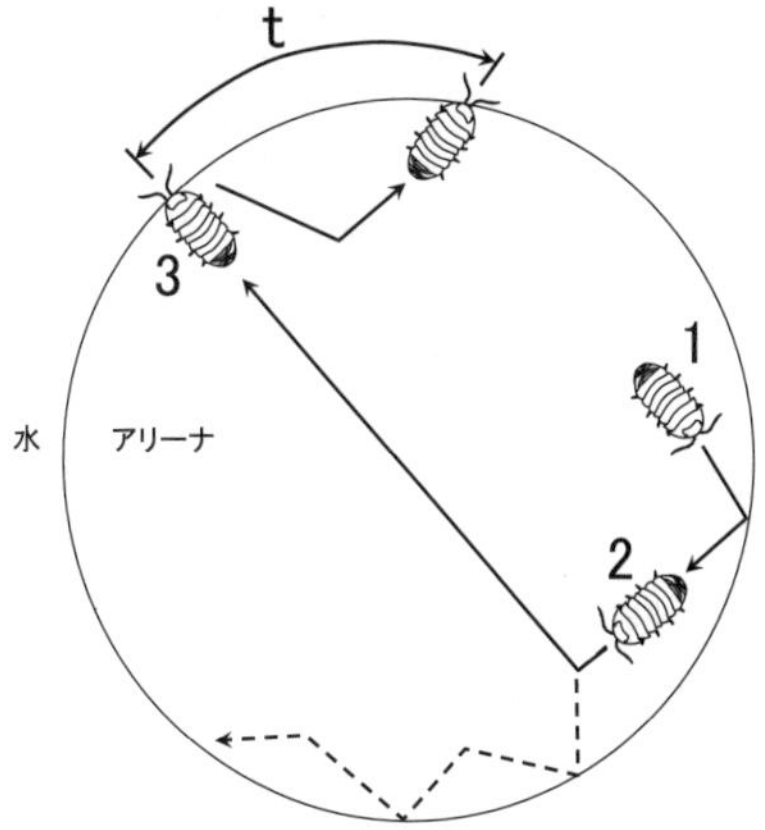

図20　アリーナを横切る個体と2本のアンテナが水を触る時間間隔

個体は１で水を右転向で避け、２で変則転向による再び右へ転向し、アリーナを横切って３へ到達する。２で交替性転向により左へ転向すれば、以降点線のように水際を移動する。ｔは２本のアンテナが水を触る時間間隔。

交替性転向が順調に発現していれば、極端に水から離れることはないはずです。しかし、アリーナ上で変則転向が続けて生じると、水の方向とは逆に進むことになるので、長い時間水から離れ、ときにはアリーナの中央部を横切ることになります（同図）。また、自ら浸水した三個体でも、水に入るまでの歩き方の様子を観察すると、しばしば水から大きく離れることが

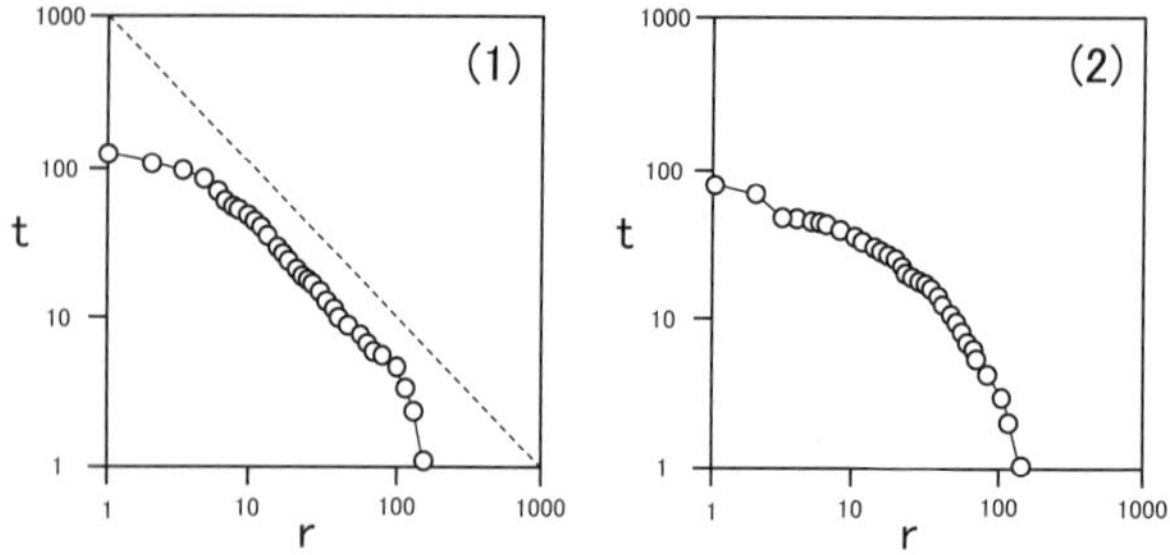

図21　順位(r)−時間間隔(t)の両対数グラフ
(1)は傾きマイナス１の直線部を持つプロット。(2)は右側に突き出た曲線部を持つプロット。(1)の点線は傾きマイナス１の直線。

ありました。

このように、「水から長時間離れることは、変則転向の発現を反映する」と考えられます。そして、もしここでの変則転向が、彼らの心によって自律的に、すなわち、（私たち観察者にとっては意味不明でも彼らの心にとっては）何らかの意味があって選択されたのであれば、その出現の仕方は、でたらめだったり、機械のように規則的だったりするのではなく、「意味深長なパターン」になると予想されます。実際、多重T字迷路実験の第一実験では、変則転向は突然出現したり、突然なくなったりといった「意味深長なパターン」を示していました。

そこで、変則転向の出現パターンを定量的

に評価するために、それぞれのダンゴムシにおいて、二本のアンテナが水を触った時間間隔（図20のｔ）を求めました。そして、グラフ用紙を用意して、時間間隔を長い順にプロットしました（図21）。したがって、グラフ中の縦軸は時間間隔、横軸はその順位になります。見やすくする都合上、両軸を対数目盛りに換えました。

さて、十八匹それぞれのグラフを見ると、七匹のグラフでは、多くの点が「傾きマイナス1の直線」に乗る部分がありました（同図⑴）。これに対し、残りの十一匹では、点がそのような直線に乗る部分はなく、全体的に「右側に突き出た曲線」に乗りました（同図⑵）。

このように、水への接触の時間間隔の分布には、異なる二つの「意味深長なパターン」が見られました。

「ジップの法則」と予想外の行動

ところで、作られたグラフにおいて見られた、点が傾きマイナス1の直線に乗る現象は、ジップ（Zipf）という人によって、本の中の英単語の使用頻度（縦軸）とその順位（横軸）の関係において発見されました（出現頻度がｋ番目に多い要素が全体に占める割合は1／kに比例する経験則）[12]。この法則は、「ジップの法則」と呼ばれています。一方、もしでたらめに英単語を並べた文章を作ると、「ジップの法則」は見られません。では、本の中の文章とでたらめの文章では何が違うのでしょう。

それは、本の中の文章中の各単語の間には、書き手が自律的に作っていく「物語」を枠組みとした「有機的なつながり」があることです。それが、結果として各単語の出現頻度に絶妙な差を作り、グラフ上で傾きマイナス1の直線に乗る点の配置、すなわち、ジップの法則を作ると考えられます。

ダンゴムシの実験では、「ジップの法則」が見られた個体では、二本のアンテナが水に触る時間間隔に絶妙な差があったのです。この絶妙な差が出るには、長短多様な時間間隔が必要です。多様な時間間隔は、交替性転向を律儀に、機械的に発現させるだけでは得られません。変則転向を生じ、個体が装置中央を横切る、あるいは、逆に短い間隔で水へ接してしまうといった行動が発現することで、長短多様な時間間隔が現れます。そして、変則転向を発現させるには、「未知の状況」が必要です。

水包囲アリーナは、交替性転向を発現させることで水に遭遇し続けてしまうという「未知の状況」を与えたはずです。このような状況を、ダンゴムシは自然界では経験したことはなかったはずです。そして、この状況をたまたまうまく察知できた七匹のダンゴムシの心は、普段潜在させられている変則転向を自律的に選択し、発現させたと考えられます。すなわち、各変則転向は、でたらめではなく、彼らの心によって、有機的つながりをもって発現させられたのです。こうして、長短さまざまな水への接触の時間間隔がそろい、結果としておのおのに絶妙な差ができ、グラフ上で傾きマイナス1の直線に乗る点の配置、すなわち、「ジップの法則」を作ったのだと考えられます。

そして、調べてみると、この「ジップの法則群」七匹のうち六匹が、アクリルの壁を設けたとき紙やすりの部分を即座に登って装置の外へ達し

	壁登り	歩きの継続
Zipfの法則群	6	1
曲線群	2	9
対照群	1	9

図22　ジップの法則と予想外の行動の関係
ジップの法則群における壁登りの個体数は、曲線群、対照群それぞれにおけるその数に比べ、統計学的に有意に多い。対照群とは、水包囲実験を経験せず、壁包囲実験を与えられた個体群。

ていたのです。一方、図21の(2)のような、曲線部をもつプロットで特徴づけられる「曲線群」の十一匹では、壁を登れたのは二匹のみでした。残りの九匹は、一五分以上アリーナ内を壁に沿って歩き続けました（図22）。

この結果は、水包囲アリーナにおいて未知の状況を察知し、変則転向を発現できた個体は、アリーナがアクリルの壁で囲まれた条件でも、その状況を、「交替性転向を発現させても行き止まりに招かれるという未知の状況」として即座に察知し、新たな予想外の行動としての「壁登り行動」を発現したことを示しています。

ちなみに、水包囲アリーナにおいて自発的に浸水した三個体でも、浸水する前までの水への接触の時間間隔の分布に「ジップの法則」が見られました。これらの個体は、水包囲実験で未知の状況を察知し、変則転向を発現したうえで、さらに新たな予想外の行動として、「浸水」を発現させたのです。現在、共同研究者によって、浸水に至るまでのダンゴムシの状況判断過程を、数理モデルで説明する試みが進められています[13]。

以上のように、ダンゴムシの心は、水で囲まれるという状況においても、多重T字迷路の場合と同様に、変則転向という予想外の行動をしばしば発現させたのです。

また、多重T字迷路を用いた行き止まり実験と同類の状況として、ざらついた紙やすりの部分をもつ壁でアリーナを包囲すると、その部分を登るという新たな予想外の行動を発現したのです。

アリも泳ぐ

水包囲実験では泳ぐダンゴムシが現れましたが、その数年後、クロヤマアリの集団が、ダンゴムシと同じような環境で、水へ自発的に入り、泳いで向こう岸へ渡ることが学会で報告されました[14]。

この実験では、私の実験で用いられたものよりも小さなアリーナが用意され、そこにかなりの数のアリが乗せられました。アリは最初のうちはもちろん水に入らなかったのですが、しばらくすると入りだすものが現れました。そして、それをきっかけに、数匹の個体が初めに入った個体と連なって水へ入りだしたのです。

アリの仲間には、生まれつき泳げるウミトゲアリという種がいます。オーストラリアにいる新種のアリで、海の底に巣を造るのです。ダンゴムシの仲間には、海底に生息するオオグソクムシがいます。多様な場所で生きる仲間をもち、その中で特に陸上生活を選んだアリとダンゴムシには、泳ぎという、進化の過程で潜在させられた、眠っている行動を呼び起こす力があるようです。

水で囲まれるという未知の状況において、アリやダンゴムシの心が選択したのは、進化の過程で「温存された」行動（ダンゴムシ、クロヤマアリともに、「泳ぎ」）だったようです。一般に、進化における自然選択とは、適応的でない行動の「切り捨て」と考えられています。しかし、それだけでなく、適応的でない行動の温存、捨てずに「潜在させておく」、という柔らかい側面もあるのでしょう。現在に生きる生物の心は、このように、温存され、潜在させられた行動を呼び出す力を持っているのです。

ダンゴムシで世界へ

この水包囲実験の成果を私は、私にとって初めての国際会議において発表しました。会議は、「第二回計算予期システム国際会議（Second International Conference on Computing Anticipatory Systems）」で、一九九八年夏、ベルギーのリエージュという街で開催されました。首都ブリュッセルから急行電車で南東へ一時間半ほどのワロン地域の都市です。

何となくさびれた感じの街ですが、私はそこが気に入りました。泊まったユースホステルの周りでは、数日後の祭りに合わせ移動遊園地がやって来ていて、にぎやかな音楽が流れていました。日本では見かけない風景で、遊園地の中を歩くと、まるで白昼夢の中にいるようでした。

数日間滞在したのですが、パンがとてもおいしく、夕食は毎日フランスパン一本を使った大きなサンドウィッチにしていました。とても大きいので、それだけで十分満腹になりました。水やちょっとした菓子を買うために訪れた周辺のいくつかの商店では、店員は皆英語でなくフランス語しかしゃべりませんでした。そのことが、異国情緒をさらに高めてくれました。

参加のきっかけは偶然で、指導教官に、「金があるなら行ってきたら」と言われ、会議のチラシを受け取ったことです。「ではせっかくだから」、ということで行くことを決めました。ただ、私は金持ちだったわけではありません。大学院の博士課程の学生にすぎなかった私は、奨学金をいただいていたものの、それは生活費と学費に消えてしまうため、海外へ行ける状態ではとてもありませんでした。しかし幸いにも、この博士課程最後の一年間は、ある研究所に、一年間、非常勤研究員として雇っていただき、毎月給料をいただいていたので、研究に使える資金がそれまでに比べ多かったのです。

参加した会議は、理論生物学者ロバート・ローゼン（残念ながら、この会議の後、十二月に亡くなりました）が提唱した内部予期システムの概念を受けて、「予期しながら意思決定するシステムをどのように構築するか」に関して討議する場でした。講演者の専門分野は数学、計算機科学、物理学、生物学、認知科学、社会学、哲学などさまざまで、それまで特定の分野の学会にしか参加したことがなかった私にとっては、とても新鮮で興味深い場でした。

私は、水包囲実験の結果を報告しました。発表では、ダンゴムシは、水で囲まれるという未知の状況では、交替性転向が水への接触を継続させることを予期し、交替性転向の代わりに潜在していた行動である泳ぎや壁登りを自律的に選択し、発現できるのだと説明しました。

ただ、この予想外の行動の自律的選択が、ダンゴムシの心の働きだ、ということは言えませんでした。それは、そのことに関して質問された場合、英語で答える自信がなかったからでした。

勇気と確信

発表後は幾人かの人が質問やコメントをしてくれました。その中で、「ダンゴムシの予想外の行動の発現に自律性を認めることは、この動物に意思や心を認めることなのではないか」という質問をしてくれた人がいました。うれしい質問でしたが、うまく説明しなければと焦《あせ》ったため、つたない英語がさらにしどろもどろになってしまいました。すると、もどかしかったのか気をつかってくれたのか、「わかった。後で、廊下で話をしましょう」とその人は言ってくれました。

その人はベルギーのゲント大学の哲学者でした。三十分ほどの議論でしたが、ダンゴムシに心を想定することが決して特殊ではなく、自然な推論であること（前章の「石の心」「ジュラルミン板の心と職人の流儀」を参照）をわかっていただけました。

帰国してしばらく後、この発表論文は、発表部門の最優秀論文賞をいただいたことを知らされました。また、アメリカ物理学協会から出版されるこの会議の選抜論文集に掲載されることも決まりました[15]。

この会議に参加したおかげで、ダンゴムシで心を語ることが全く特殊ではなく、むしろ活発な議論の種となり、心の理解が進んでいくような気になれました。同じころ、多重T字迷路の実験結果も比較心理学分野の英文誌に掲載されることが決まりました[16]。

これらの出来事のおかげで、私は、心を題材に研究を続けていいのかもしれないという勇気を得ました。また、私が心を理解する方法は、ダンゴムシにおける「内なるそれ」、すなわち彼らの「心」が予想外の行動を自律的に発現させられることをさまざまな実験によって真摯に確かめ続けること、そして、その結果を世界のさまざまな分野の人の前で「さらす」ことである、と確信しました。

何とかなるさ

博士課程ではダンゴムシという心の研究のパートナーを見つけることができました。また、幸運にも成果が出てきました。一九九九年三月には、無事、博士号を取得しました。その後は研究者としての就職先がなく、同じ研究室で研究生として過ごしていました。非常勤研究員としての給料と奨学金の支給も終わったため、お金はありませんでしたが、論文を読んだり次の実験を考えたりしながら、何の根拠もなく、「何とかなるさ」と過ごしていました。

そんなとき、北海道の函館市に、「複雑系科学科」という、日本で初めて複雑系科学を学部で学ぶことができる挑戦的な大学、「公立はこだて未来大学」が、二〇〇〇年春に開校されることが決まりました。そして、複雑系科学科の教員の募集にだめ元で応募したところ、幸運なことに採用されました。一九九九年十二月半ばのことでした。

ずいぶん行き当たりばったりの人生のようですが、当時、そして今もそうですが、研究者の求人数に対し、希望者の人数は大変多く、なかなか就職できないのが現実です。一人の募集に対し、五十人ほどが応募するのが普通です。そんな状況ですから、「何とかなるさ」と思うしかありません。

特に、私の場合、「ダンゴムシで心を考える」わけで、研究成果はいつ出るかわかりません。また、その成果がどの程度私たちの生活に役立つかもわかりません。反対に、「研究成果の社会への還元」が声高に掲げられはじめ、「あなたの研究は、やってはいけない研究だ」、と言われたことすらありました。そんなわけで、私は、いつも「お手上げ状態で応募」するしかありませんでした。しかし、そのおかげで、気負わなくて済んだのも事実です。

ダンゴムシの心を探るためにまず必要なのは、彼らととことん付き合うことでした。そのためには、そもそも気負ったり焦《あせ》ったりすることは禁物です。どうやら私は、自ずと「何とかなるさ」と態度を決め込める時代に、その態度が必要な心の研究を始められたようなのです。

北の大地でダンゴムシ

そのようなわけで、二〇〇〇年四月から函館でダンゴムシの研究が始まりました。しかし、函館にはダンゴムシが非常に少なかったのです。神戸にいたときのように、庭先、あるいは公園や近くの神社の物陰に行けば、難なく数百匹集まるというわけにはいきませんでした。正確な理由はわかりませんが、やはり冬の寒さが厳しく、越冬に成功できる個体の数が、本州に比べて圧倒的に少ないからではないかと思います。ただ、そうなると、心の研究からは少し脱線しますが、越冬できる個体とできない個体では何が違うのかが大変気になるところです。

また、余談ですが、以前、有珠山の山頂へロープウェイで向かい、山頂駅から火口原展望台へ至る標高約600メートルの遊歩道を歩いたとき、道の脇の茂みの中に、体長15ミリメートルほどの大型のダンゴムシをたくさん見つけました。雌雄を問わず大きく、背中には黄色い斑点がよく目立っていました。

おそらく、遊歩道を作るときに運ばれた土砂に紛れた個体がそのまま定着して増えたのだと思いますが、なぜ、寒いはずの山頂付近で増えたのか不思議です。有珠山は活火山なので、冬でも地中には温かさが保たれていて、越冬できるのかもしれません。このように、北海道のダンゴムシには、興味をそそられるネタが満載です。

それはさておき、本筋である心の研究をするには、以前と同様、数百匹のダンゴムシをストックとして捕獲し、飼育する必要がありました。しかし、個体をなかなか集められませんでした。そこで、実験個体の多くは、友人でもある滋賀大学の共同研究者に集めてもらい、必要に応じて滋賀から送ってもらいました。彼の長男も採集を手伝ってくれました。未来大学での実験は、彼らの協力なしでは進まなかったのです。

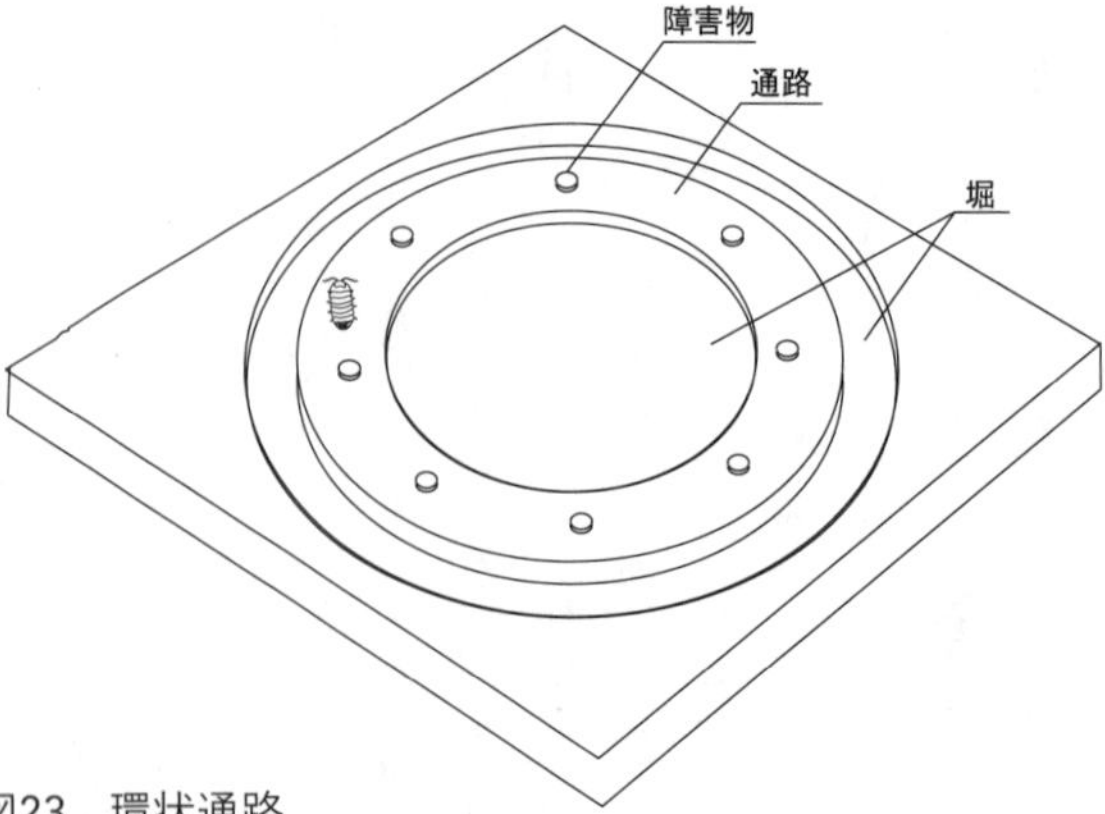

図23　環状通路
図は障害物が８個の場合。

函館ではいくつかの実験を行うことができました。代表的な実験では、水が満たされた堀で取り囲まれた環状通路を使いました（図23）。通路中央部には、小さな障害物を等間隔で置きました（同図）。この通路に置かれたダンゴムシは、以前の水包囲実験と同じように、交替性転向によって、大部分の時間、外側の堀に沿って移動を続けました。対照実験では、堀ではなく壁で囲まれた同様の通路を使いました。

後述するように、この実験からは多くの示唆的な結果が得られ、現在でも応用実験が続けられています。また、二〇〇七年七月九日に朝日新聞の科学面トップ記事として紹介され、その後質問も多くいただきました。そこで、まずこの実験の内容を少々細かく説明したいと思います。

環状通路実験

ところで、どの実験でも同じですが、予想外の行動を調べる私の実験でも、個体を慎重に選別しなくてはなりません。私の実験の目的は、ダンゴムシを未知の状況に置き、彼らの心に予想外の行動を自発的に発現してもらうことです。この予想外の行動は、先天的に特異な構造や機能をもつ個体では、状況にかかわらず現れるでしょう。そのような予想外の行動は、心によって自発的に発現させられるとは言えません。したがって、特異性がない個体群を用意しなくてはなりません。

そこで、まず実験の七日前に、アンテナや足の欠損などが見られない、体長9〜10ミリメートルの個体をストックから実験個体として選びました。そして、土の入れられたシャーレで個別に飼育しました。エサとして、5ミリメートル角程度のニンジン一切れを、実験四日前に一度だけ与えました。

事前の準備実験で、ダンゴムシはニンジンを食べた後、二日以内にフンをすべて排泄すること、また、五日目以降から体重が急激に減少しだすことを確認しました。したがって、実験四日前に一度だけエサを与えるという条件は、ダンゴムシが空腹ではなく、また満腹でもない、ほどよい栄養状態です。また、フンが実験装置上に排泄されることがありません。フンには集合フェロモンが含まれていて[17]、実験装置上に排泄されると行動に影響を与えてしまうので、排泄されないほうがよいのです。

実験に使われた環状通路は白色アクリル板で、通路幅は20ミリメートルでした。「水境界条件」では、通路を囲む幅20、深さ5ミリメートルの堀に水が満たされました。「壁境界条件」では、厚さ1ミリメートルの透明なアクリル製の壁が通路を囲んで設けられたため、通路幅は18ミリメートルとなりました。

通路中央には障害物が等間隔で置かれました。障害物は円柱形の白色プラスティック消しゴムで、直径は4ミリメートル、高さは個体の体高とほぼ同じ2ミリメートルでした。障害物の個数は、水境界条件および壁境界条件それぞれで、四、八、十六および三十二個の各四条件で実施しました（以上、図23参照）。

堀に満たされた水と通路に張られた紙シート、および障害物は、実験ごとに新しく交換しました。壁境界条件の壁は、実験が終了するごとに水洗いしました。実験中は、装置全体を透明なアクリル製のフタで覆い、実験者である私が動くことで起こる風が個体へ当たらないようにしました。通路上の気温は25℃、湿度は50％、照度は260ルクスに保たれました。

シャーレで飼育された個体は、実験直前に一匹ずつ取り出され、乾いたろ紙の敷かれた別のシャーレへ移されました。個体はここで約五分間自由に歩くことを許されました。この間に、体表に付着した土などの汚れが落ちました。また、活動度が落ちていないかどうかを確認しました。

きれいになったこと、動きに異常がないことを目視で確認できたら、個体を環状通路の上へ置きました。後はこちらからは手出しをせず、装置の真上に設置されたCCDカメラで各個体の行動を二時間記録しました。

障害物へ乗り上がる

図24は、ダンゴムシの頭の装置中心（原点）からの距離が、時間とともにどのように変化したかを示しています。壁境界群の頭は、平均的に75ミリメートルの距離

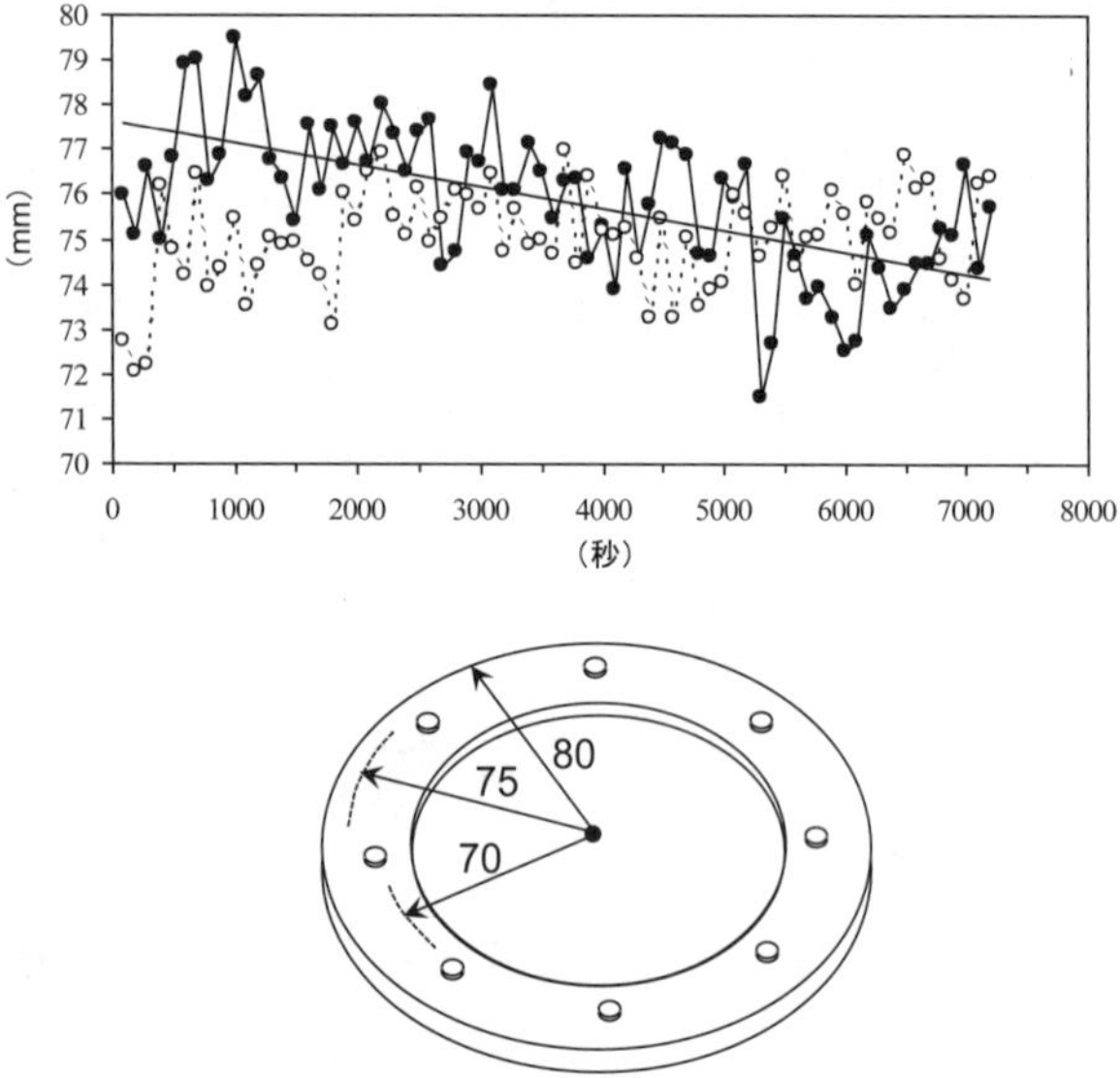

図24　頭の位置の時間変化
横軸は実験時間、縦軸は装置中心からの位置の平均値。黒丸は水境界群（20 匹）、白丸は壁境界群（20 匹）。各点は 100 秒ごとのプロット。水境界群のプロットには回帰直線が実線で示されている。回帰直線は 78 付近から右肩下がりになっていることがわかる。グラフ下の図は、参考のため、装置中心から 80、75、70mm の位置を示している。

にありました。それは、通路外周と通路中央に置かれた障害物の中間地点を意味します。すなわち、壁境界群は、通路外周と障害物の間を歩き続けたのです（同図）。

これに対し、水境界群の頭は、実験当初約80ミリメートルの距離にありました（同図）。この値は壁境界群よりも大きく、頭が通路の外側に出ていたことを意味します。すなわち、水境界群の個体は、水にアンテナが触れると転向して浸水を避けようとするものの、最初のうちは勢い余って頭部が少々堀の水面へ乗り出してしまっていたのです。ところが、時間経過とともに頭の位置は75ミリメートルの距離に近づいていきました。すなわち、次第に通路の内側へと向かい、壁境界群と同じ位置になったのです（同図）。

このように、ダンゴムシは、通路の周りが水であろうと壁であろうと、通路外周と障害物の間を主に歩くようになったのです。水境界群は、学習により、だんだんと水の検知の正確さが増して、水へ触れるとすぐに転向が生じるようになり、次第に壁境界群と同じ位置で移動を行うようになったと考えられます。

しかし、水境界群がいくら正確に水を検知できるようになっても、相変わらず危険な水際を歩いたことには変わりありません。以前行われた水包囲実験と同様、こ

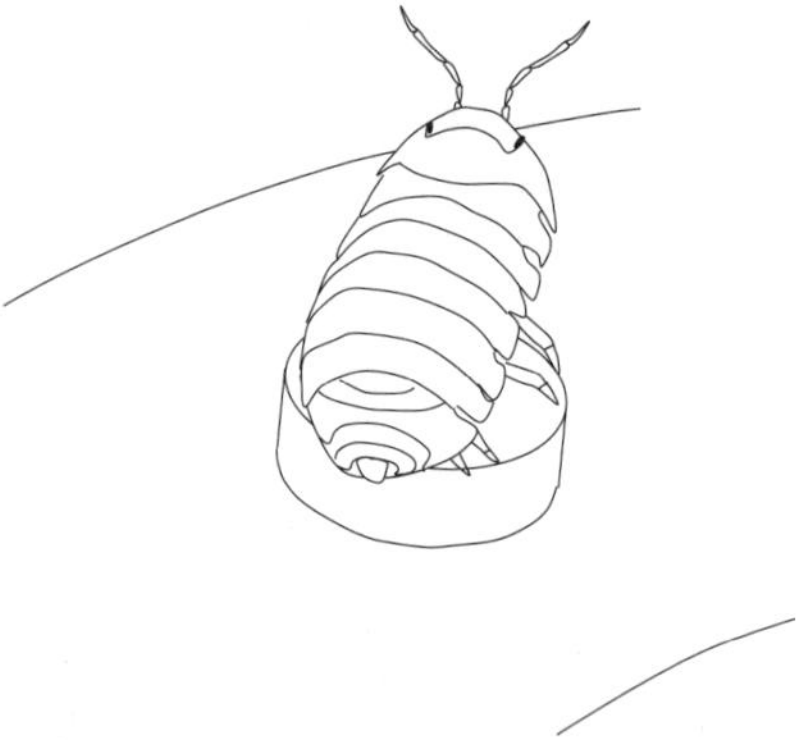

図25　障害物への「乗り上がり」
乗り上がった個体は、図のように上体を大きく持ち上げ、アンテナを振り回す。

の実験でも、交替性転向の発現は、個体を危険な水へ遭遇させ続けるという未知の状況を招いてしまったのです。それで、この実験でも、水包囲実験のときのように、ダンゴムシは泳ぎという予想外の行動を発現することが期待されました。

　ところが、しばらく経っても、浸水する個体は現れませんでした。その代わり、水境界群の多くの個体は、次第に通路中央部の障害物へ「乗り上がる」という行動を発現しだしたのです（図25）。個体は障害物をしっかりつかみ、数秒間滞在します。また、アンテナを盛んに、そして大きく旋回させます（同図）。

　この乗り上がり行動は、さしあたっては、何かの役に立つようには見えません。

水境界群の個体は、なぜわざわざ障害物に乗り上がったのでしょうか。初めてこの行動を見たときの率直な感想は、「わけがわからん。でも、何だか意味深長だなあ」でした。しかし、それでこそ、実験成功です。このように、観察者である私たちが理由を見いだせない行動こそ、「予想外の行動」なのですから。

一方、壁境界群の個体は、障害物へはめったに乗り上がらず、約二時間の間、ひたすら通路外周と障害物の間を歩き続けました。

以下では、各個体群の行動をくわしく述べ、ダンゴムシがこの実験状況をどのように捉え、そして乗り上がり行動を発現するに至ったのかを考えたいと思います。

壁境界群の行動

まず、壁境界群の行動を述べます。個体は、外側の壁と障害物の中間で歩きました。壁は内側と外側の二カ所にあるにもかかわらず、大部分の時間外側の壁寄りに歩くのは、すでに述べたように、交替性転向の効果です。

ここでは、壁と障害物の距離は7ミリメートルで、個体の体幅より少し広い程度です。個体が歩くとき、二本のアンテナは盛んに旋回しますが、個体の体幅より少

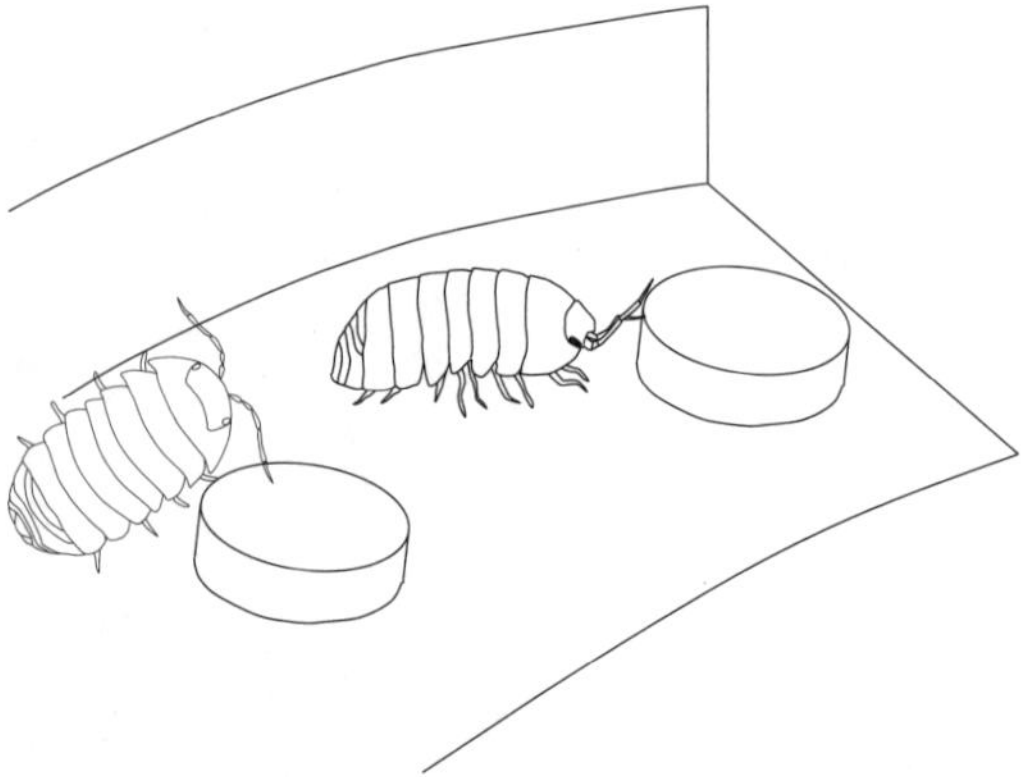

図26　壁境界群の行動
左側は障害物に対する「片アンテナ接触」、右側は「両アンテナ接触」。

し広い程度の通路では、片方のアンテナは壁に、もう一方は障害物に十分届きます（図26）。したがって、個体はアンテナで壁と障害物の両方に触れながら移動していたと考えられます。

この、片方のアンテナによる障害物への接触を「片アンテナ接触」と呼ぶことにします（同図）。また、しばしば両方のアンテナが障害物へ触れることも、もちろんありました。この、両方のアンテナによる障害物への接触を「両アンテナ接触」と呼ぶことにします（同図）。

置かれた障害物の個数（四、八、

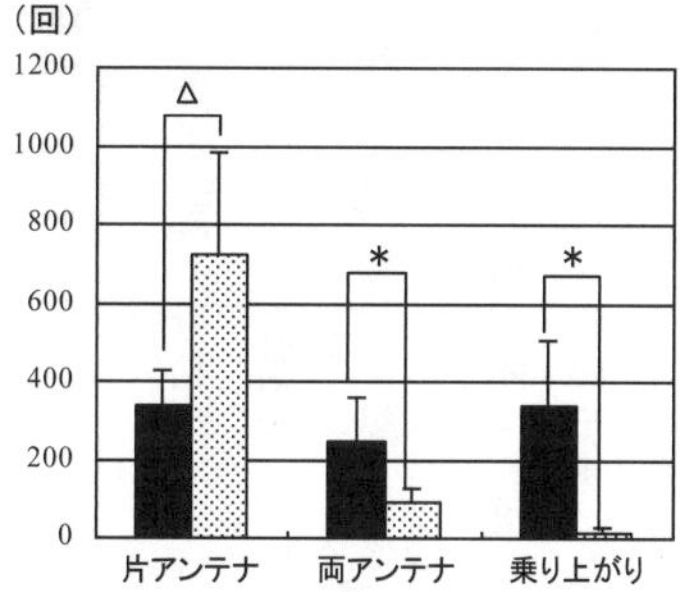

図27　水境界群（黒）、壁境界群（網掛け）における、障害物に対する各行動の平均出現頻度

障害物が 32 個の場合の結果。△や＊は両者の値が統計学的に有意に異なることを示す。

十六、三十二個）にかかわらず、障害物に対する行動は、片アンテナ接触が大部分であり、両アンテナ接触、また、乗り上がりは生じなかったと言えるほど低頻度でした（図27）。この結果は、個体はほとんどの時間、片方のアンテナは壁に、もう一方は障害物に触れながら移動していたことを反映しています。

両アンテナ接触は、障害物への片アンテナ接触の後、個体がわざわざ障害物のほうへ向き直ったときに生じます。両アンテナ接触が生じなかったと言えるほど低頻度だったのは、壁境界群の個体は障害物のほうへ自発的に向きを変えようとはしなかったことを示唆しています。

乗り上がりは、個体が障害物へ自発的に向き直り、両アンテナ接触が生じ、それから一番前の脚を障害物へ掛けてよじ登ることで達成されます。したがって、両アンテナ接触がほとんど生じない壁境界群では、当然、乗り上がりはほとんど生じなかったのです。

水境界群の行動

一方、水境界群では、障害物への両アンテナ接触や乗り上がりが、壁境界群に比べるとはるかに高い頻度で出現しました（図27）。また、片アンテナ、両アンテナ、そして乗り上がりの出現頻度はほぼ同じです（同図）。

水境界群の個体は、水にぶつかると、回避のために左右どちらかに転向し、通路の中央部へ向かいます。たとえば、図28のように、水に当たった後左へ曲がったとします。ここで、中央部へ向かって歩いているとき、交替性転向としての右方向の転向が「左右非対称脚運動」によってすでに生じはじめます。したがって、個体は、もし障害物に偶然遭遇した場合、それを右へ転向して回避すべきです（同図）。実際、そのような行動が観察されました。こうして、すでに述べた通り、水境界群も、壁境界群と同様の仕組みで、外側の堀と障害物の中間を歩くことになります。

しかし、水境界群の個体は、障害物への片アンテナ接触の後、交替性転向によって障害物から離れるだけではなく、しばしば障害物のほうへわざわざ向き直って両アンテナ接触を生じ、これへ乗り上がったのです。すなわち、片アンテナ接触は、「偶然の接触」ではなく、障害物を「探索」する役を担っていたのです[18]。このような、「片アンテナ接触—両アンテナ接触—乗り上がり」、という一連の行動が高い頻度で生じたので、

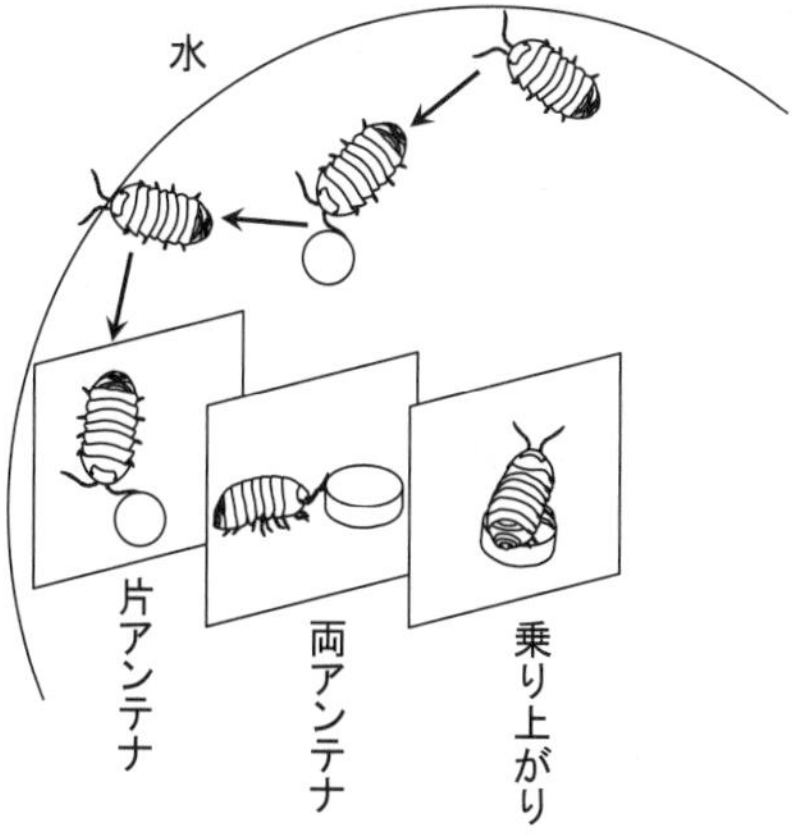

図28　水境界群の行動
図の上方より、水遭遇時の逃避による左転向、障害物遭遇時の交替性転向による右転向、そして再度の水遭遇時の逃避による左転向、障害物への片アンテナ接触を示す。３つの連続する四角枠は、同じ障害物に対し、片アンテナ接触の直後、両アンテナ接触、乗り上がりが続くことを示す。

図27に示されるように、三種の行動の出現頻度はほぼ同じになったのです。また、両アンテナや乗り上がりの頻度は、水境界群において、圧倒的に高くなったのです(同図)。

乗り上がりを発現させなかった壁境界群との明らかな違いは、水境界群は、以前行われた水包囲実験と同様、交替性転向の発現によって、自らを危険な水へ遭遇させ続けるという未知の状況に陥ってしまったという点です。そして、水境界群のダンゴムシの心は、通常抑制させている「乗り上がり」を自発的に発現させ、その未知の状況において個体が活動停止することを回避させたのでしょう。

ちなみに、乗り上がりは通常では抑制されているのは明らかです。個体が乗り上がる障害物の大きさは、野外においてダンゴムシが交替性転向で迂回する小さな石程度の大きさです。交替性転向は、そもそもこのような障害物を迂回するために、進化の過程で獲得されたはずです。野外で小さな石に出合うたびにそれへ乗り上がっていては、移動がままなりません。また、悠長にその上で止まってアンテナを振り回すことは、捕食者の標的になるだけです。

以上のように、水境界群は、通常抑制されている乗り上がり行動を、未知の状況を察知することで発現させたと考えられます。

ダンゴムシの自律性

ところで、ダンゴムシの心は、なぜ以前の水包囲実験のように「浸水」、すなわち、「泳ぎ」を選ばなかったのでしょうか。実験条件はほとんど同じです。様々な予想外の行動の発現を抑制し、潜在化させている心にとっては、水への浸水も、もちろん選択肢の一つだったのでしょう。

実際、彼らが浸水を試みるような場面に多々遭遇しました。実験中、ときおり、堀のかなり中ほどへ向けてアンテナを伸ばすこともありました。そのときは、脚も体も伸びきっています。その様子を見ているときは「そんなにがんばると落ちてしまうよ！」と思い、ハラハラしたものです。

しかし、今回の実験装置には、水包囲アリーナにはなかった「障害物」がありました。それが、乗り上がりという新たな選択肢を生んだのです。乗り上がりがどのような効果をもたらすかなど、ダンゴムシの心にはわかりません。しかし、未知の状況において、とりあえず「あがいて」みなければならないとき、浸水よりも死亡

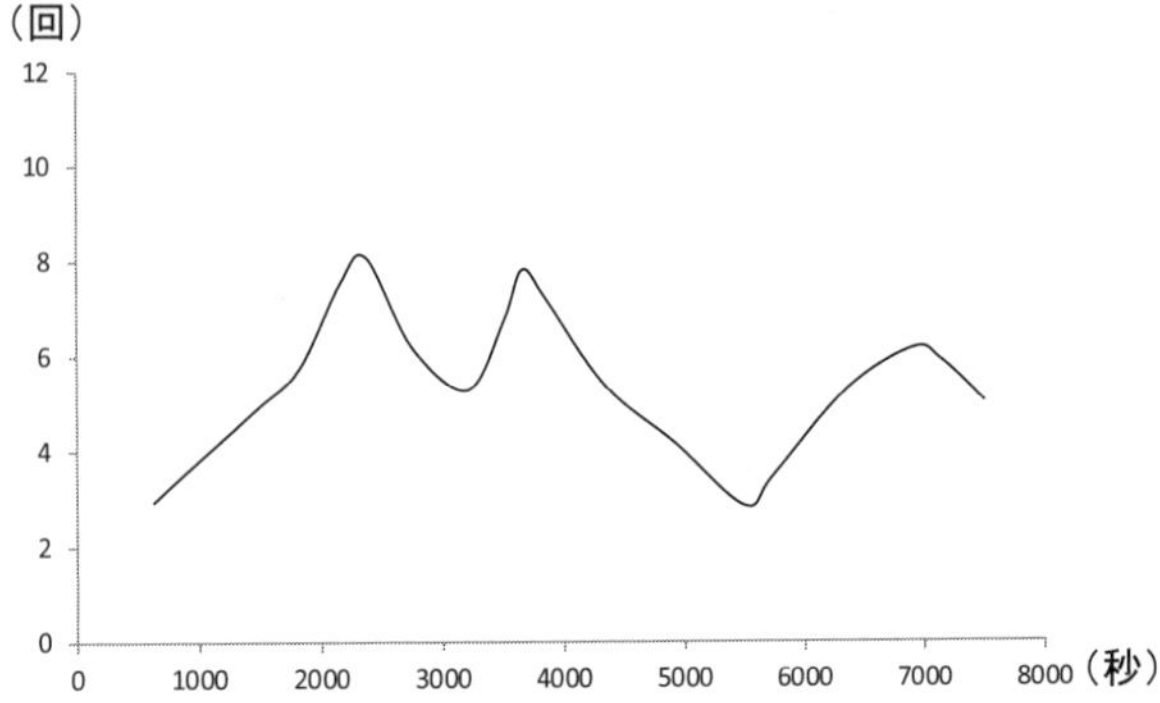

図29　乗り上がりの出現頻度の時間変化

横軸は実験時間、縦軸は 100 秒ごとの出現頻度の 5 区間平均値。値は 2200 秒付近まで短調に増加するが、その後大きな増減を繰り返す。

の危険度が低い乗り上がりのほうが選択されたのでしょう。

予想外の行動の特徴は、意味不明なことです。したがって、それは未知の状況における適応行動になるとは限りません。しかし、その選択は、でたらめではなさそうです。その意味で、ダンゴムシの心がつくる根拠に基づくと言えます。すなわち、予想外の行動の発現は「自律的」なのです。環状通路実験の水境界群による、（浸水ではない）乗り上がり行動の選択は、予想外の行動の選択における心の自律性がうまく現前したのです。

このように、乗り上がり行動はダンゴムシの心によって自律的に選択され、発現しました。自律的とは、この選択の根拠がダンゴムシの心によって独自につくられることを意味します。そして、選択の根拠の独自性は、その根拠がしばしば揺らいでしまうことを特徴とします。なぜならば、根拠が独自的とは、それが揺らぎそうなとき、支えてくれる外的存在がないことを意味するからです。すなわち、「心はうつろう」宿命をもつのです。

この「うつろい」は、選択される乗り上がり行動の出現率の増減となって、実際に現前しました（図29）。もし、乗り上がり行動がいわゆる学習によって獲得されたならば、その出現率は次第に増加し、そしてある一定の値に保たれるでしょう。しかし、そのような単純な学習は、心を持たないようにプログラムされた機械が得意とするところです。

一方、現実のダンゴムシは心を持っています。したがって、乗り上がり行動の発現率は、初めは確かに増加するのですが、その後は減少と増加を、「意味深長に」続けました。それは、まさしく「心のうつろいの証」なのです。

以上のように、環状通路実験では、ダンゴムシの心は、水への遭遇から逃れられれないという未知の状況を察知し、予想外の行動としての障害物への乗り上がりを自律的に選択し、そして自発的に発現しました。さらに、長時間実験を続けることで、彼らの心のうつろいの様子が、乗り上がりの出現率の増減として現前しました。

実験装置は単純ですが、「乗り上がりという新しい予想外の行動」と、彼らの「心のうつろい」を観察することができたのは大きな成果でした。この研究成果は、認知科学分野の学術誌上で発表されました。[19] また、ありがたいことに、奨励論文賞もいただきました。

障害物を伝う行動

環状通路実験において、「乗り上がり」行動は私たち観察者にとって、そしてダンゴムシにとっても意味不明です。したがって、彼らの心はうつろい、出現頻度の増減が繰り返されました。

ところで、この行動は、世代を経て固定され、次第にこの実験状況における適応的な特定行動へと変わっていく可能性があります。なぜなら、乗り上がりを繰り返していれば、落ちれば生死に関わる堀に遭遇せずに済むからです。したがって、こ

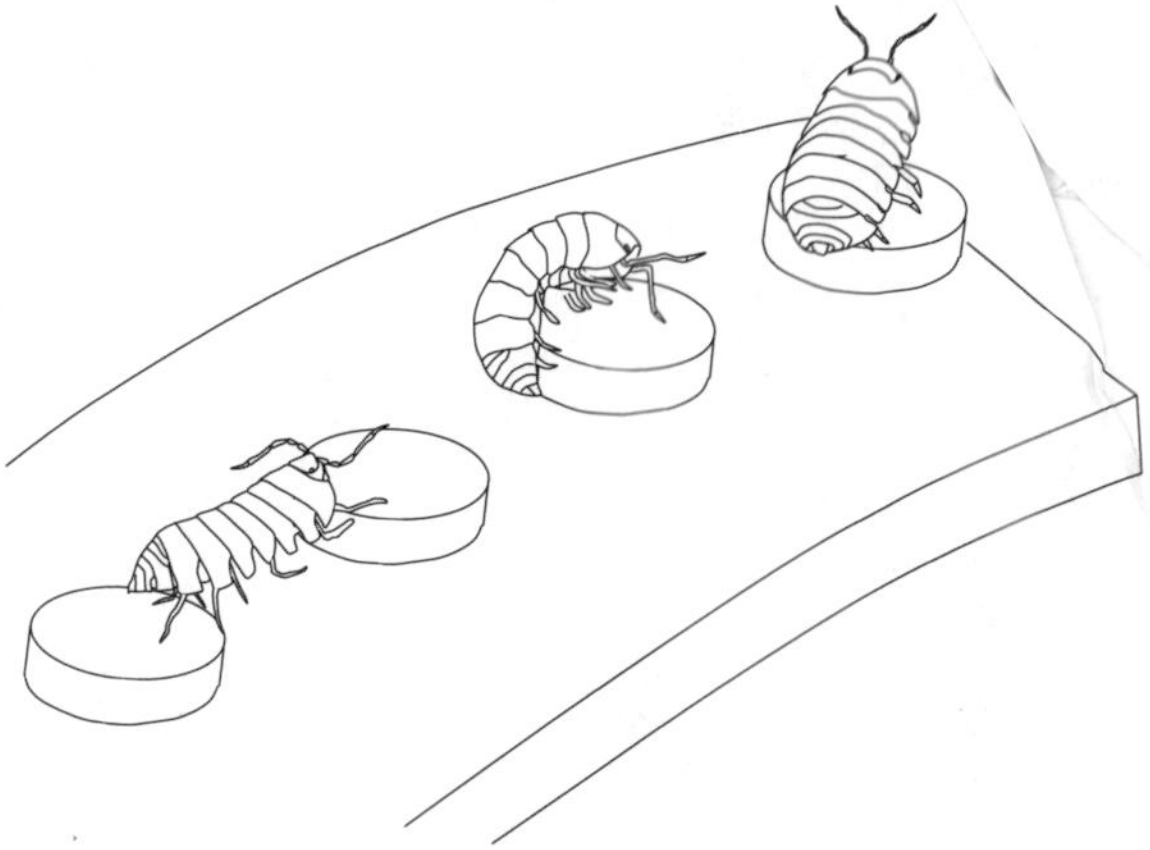

図30　障害物の「伝い行動」
図は左から始まり、４つ連続で伝うときの様子。隣の障害物へ移るときは、体をめいっぱい伸ばす。また、３番目の障害物では、落ちないようにしがみついている。

の実験装置で個体を育て、交配し、生まれた子どもをこの装置内で育て、という作業を繰り返せば、そのうちに、「障害物に沿った移動」のみを行う個体が出現するようになるかもしれません。このような、適応に基づいた、世代をまたぐ行動の選択が、「自然選択」です。

しかし、水境界条件の個体は、浸水ではなく、より安全な「乗り上がり」を「選ぶ」自律性を備えています。であるならば、世代を経ずとも、今回の実験でも、「障害物に沿った移動」の片鱗があったのではないかと思い、実験を撮影した映像を再度くわしく眺めました。すると、ときおりではありますが、乗り上がりが連続的に発現される場面がありました（図30）。その様子は、あたかもダンゴムシが障害物を「目印」として伝って移動しているかのようでした。

すでに述べたように、障害物へ乗り上がったダンゴムシは、それを脚でしっかりつかみ、体を左右に大きく振り、アンテナを盛んに旋回させました。その様子は、視覚の利かない彼らが、アンテナで何かを探っているかのようでした。障害物を伝う場合は、盛んに旋回されるアンテナが隣の障害物へ触れると、個体は迅速にそちらへ体の向きを変え、乗り上がっている障害物から降り、隣の障害物へ乗り上がりました。

ただ、連続して乗り上がる障害物の数が二つの場合、彼らが「伝おうとして」隣の障害物へ乗り上がったのか、偶然乗り上がってしまったのか判断が難しいところでした。したがって、三つ以上の障害物を連続して乗り上がったときに、彼らが「伝おうとした」と判断することにしました。そして、その一連の行動を「伝い行動」と呼ぶことにしました。

すると、連続して乗り上がる障害物の数は、三～五個の場合が多いことがわかりました。ただ、中には、水にほとんど触れることなく十数個を連続して伝った個体もいました。

「伝い行動」は、実験の後半において高頻度で現れるので、この状況において初めて獲得された行動と考えられます。しかし、単純な学習の結果でもありません。学習ならば、伝い行動は右肩上がりに増えていくからです。しかし、そのような明確な変化はなく、散発的に現れました。

道具使用の萌芽——ダンゴムシの知能

では、この実験での個体は、なぜ障害物をしばしば伝ったのでしょうか。私は、各個体が装置内を移動するにつれ、次第に堀と障害物の位置関係を把握し、堀から遠ざかって移動するために、障害物を「目印」という「道具」として伝ったのだと考えています。ただ、彼らは、高度な視覚システムをもつ私たちのように、非接触で、広い範囲の物体の空間配置を把握できるとは思えません。アンテナによる触覚システムによって、自分が少し動けば触れる程度の狭い範囲での物体の空間配置を

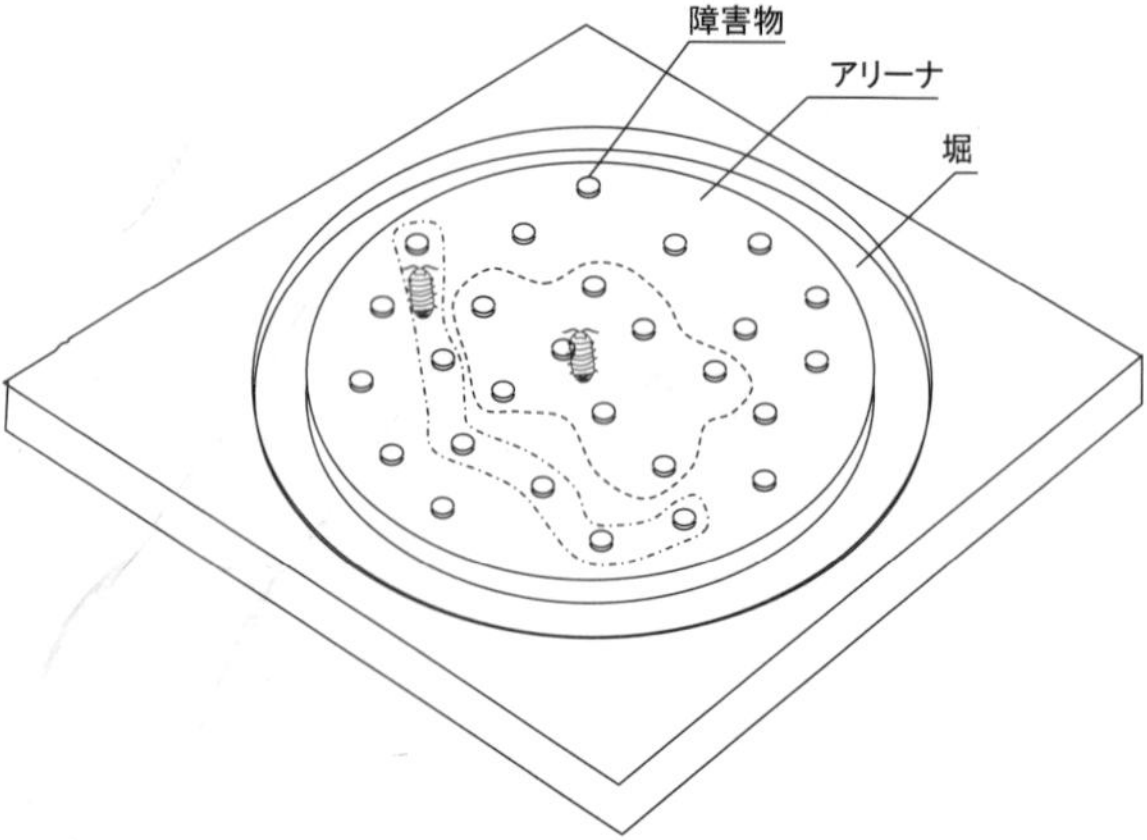

図31　障害物を点在させる実験
----- 線で囲まれた部分のみに留まる個体は、「領域」を認知しているかもしれない。また、-·-·- 線の部分の障害物を頻繁に伝う個体は、「経路」を認知しているかもしれない。

把握するのだと思います。したがって、一度次の障害物の方角を見誤ると、容易には修正できず、伝えなくなってしまうでしょう。そのため、辿れる障害物の個数は数個になったのだと思います。

認知科学の辞典には、「道具とは、一定の効率の良いやり方が選択されやすいように工夫される外的支援であるが、その場の目的に合わせて即興的に利用されることも多い」、と書かれています。[20] 水境界群における、目印としての障害物の使用は、まさに、「水際の歩行を避けるという目的に合わせ『即興的に』利用される道具」と考えられます。

そして、「水際の歩行を避ける」とは、問題解決行動です。問題解決は知能と深い関わりがあるといわれています。[21] この実験では、期せずして、ダンゴムシの知能を見いだすに至ったのです。ただ、ダンゴムシが障害物を目印として使うという結論については、その推論の正しさを検証するための実験をもう少し積み重ねる必要があるでしょう。

現在計画されているのは、水包囲実験で用いられた円形アリーナに、環状通路実験で用いられた障害物を点在させ、個体を放置するという実験です（図31）。個体は環状通路実験の水境界群のように、水際の障害物に対して「乗り上がり」を発現し、それを「目印」として使う「伝い行動」を始めるでしょう。ここで、もし障害物が次への行動の「目印」として使われているならば、さまざまな伝い方が現れてよいはずです。たとえば、ある個体は、水から遠いアリーナの中央部の障害物のみを伝うようになるかもしれません（同図）。またある個体は、障害物を辿り続け、アリーナを横断する通路のように障害物を使うかもしれません（同図）。また、危

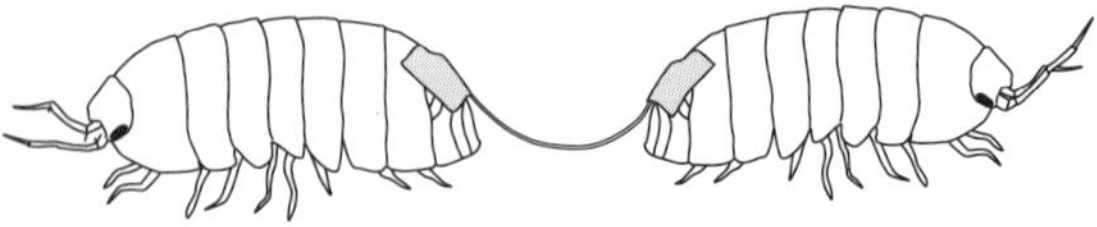

図32　糸で連結されたダンゴムシ
粘着テープは腹部の背板に付けられた。

機的状況を与える条件として、水だけではなく、たとえば剣山のようなものでアリーナを取り囲むことも計画しています。

ダンゴムシの綱引き

ところで、この実験と並行して、「二匹のダンゴムシを互いに背中合わせに糸で連結し、移動がままならないようにする」という実験を偶然行っていました[22]（図32）。すると、この実験でも、期せずして道具使用による問題解決と思われる行動が見いだされたのです。

この実験では、二匹の個体が互いに背中を向けたままで「綱引き」をしました。私が期待したのは、負けそうになる個体のうち何匹かは、体を球形化させ、相手に引きずられやすくすることで、自分に、そして相手にも負担をかけない移動を可能にするのではないかということでした。すなわち、この実験では、ダンゴムシが、彼らの最も有名な特徴である球形化を自発的に生じさせられるかどうかを確かめたかったのです。しかし、結果はそうなりませんでした。

実験方法は簡単で、二匹のダンゴムシを互いに背中合わせに糸で連結し、円形アリーナに三時間放置するだけでした。糸は裁縫用の木綿糸で、背中への接着には、小さく切られた絆創膏の粘着テープが用いられました。人間の傷口に近い場所で用いられる絆創膏の粘着テープには、生体に悪影響を及ぼす材料があまり含まれていないだろうと考えたからです。実験が終わるとテープをピンセットで慎重に剝がしました。

この実験条件では、一方の個体の動きは糸を通じて相手の背中に振動として伝わります。そして、この背中への振動が相手に「前進」を発現させます。背中への振動は、クモなどの捕食者からの接触と捉えられ、ダンゴムシは逃げようとするからです。前進しようとする相手の動きは、同じく糸を通じて今度は自分の背中に与えられ、自分が逃避としての前進を発現させます。

このように、互いが前進しようとすると引っ張り合いになってしまい、それが継続し、うまく移動ができなくなりました。この実験では十四ペアについて、それぞれぞ

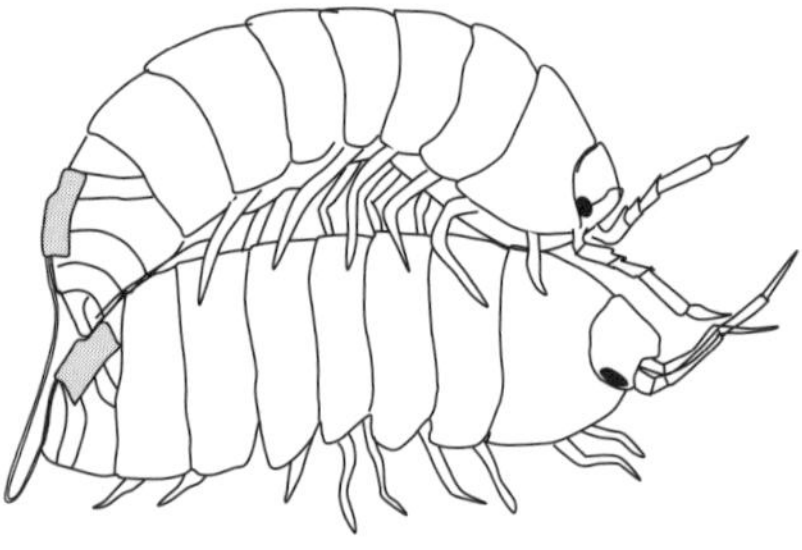

図33　馬乗りの移動

れの個体の体重と引っ張る力を事前に計測し、それぞれ等しい二匹を選んでつないだので、各ペアの引っ張り合いは続いたのです。

しかし、興味深いことに、時間が経つと、十四ペアのうち九ペアでは、しばしば一方が他方へ「馬乗り」になり、「一体となって移動する」という、予想外の行動が発現されたのです（図33）。下になった個体は、まさに「乗り物という道具」として使われたのです。

もちろん、野外では通常、馬乗りは、交尾のとき以外ではめったに見られません。なぜならば、上に乗った個体にとって、移動する下の個体は、振動する地面に相当します。ダンゴムシは、自然界で突然振動が与えられればその場から逃げ去ります。しかし、この実験では、上に乗った個体は、下の個体からの振動を受けていたにもかかわらず、逆に静止行動を発現させ続けたのです。これに対し、体重は同じでも引っ張り力の異なる他の十一ペアでは、馬乗り行動は一ペアでしか現れませんでした。

私の実験より前に、節足動物における道具使用の先駆的例として、アリによる運搬台を用いたエサ運搬行動が報告されています。[23] この実験では、あまり好まれないエサがシート状にされ、その上に、細かい粒状にされた好まれるエサが置かれました。実験では、アリ個体群は、好ましいエサの粒を個別に巣へ運ぶのではなく、シート状の好ましくないエサをあたかも「運搬台」のように共同で引っ張り、両者を一体として巣に運んだのです。こうすることによって、粒状の好ましいエサを一度で移動させたのです。

また、同じ甲殻類では、殻を地面に固定され、動けなくされたオカヤドカリが、一日経つと、かたわらに置かれた空の殻（ただしサイズは小さく入りづらい）を移動用に、そして固定された殻を住居用に、それぞれ適した道具として使い分けることが実験で示されました。[24]

アリやヤドカリ、そしてダンゴムシには、身近にある対象をとっさに道具として用いて、問題解決を図る能力、すなわち知能があるようです。そもそも、外骨格という鎧を着けた彼らは、普段からその鎧を道具に用いているのかもしれません。

とにもかくにも、知能の存在を裏づける道具使用や問題解決という現象は、人間やチンパンジーなど大きな大脳を持った動物にしか見られないとは、もはや言えないことは、確かなようです。

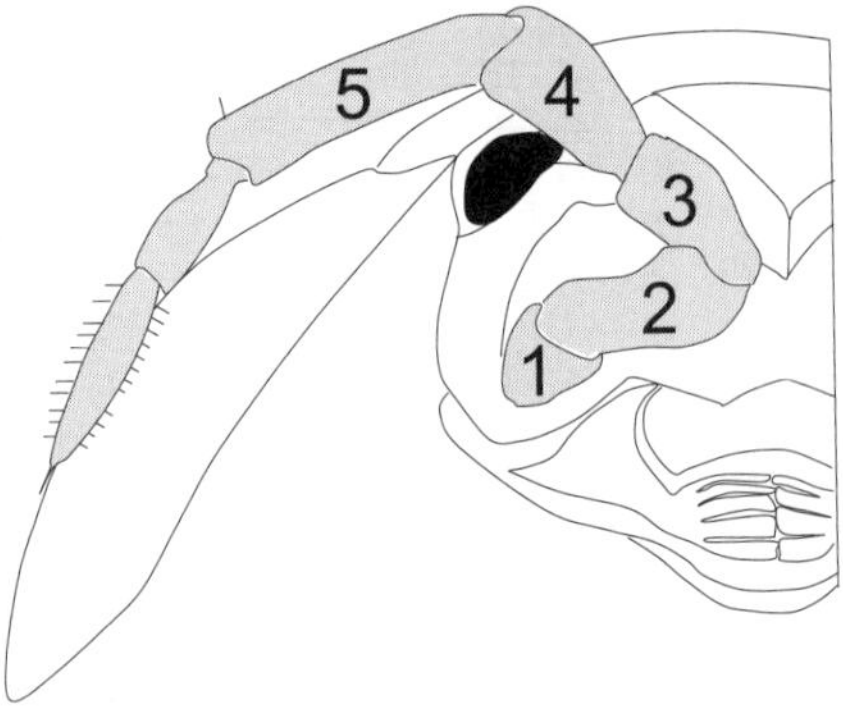

図34　アンテナの拡大図
腹部側から見た様子。灰色の部分がアンテナ。１から５が柄節。先端の二節が鞭節。鞭節には多くの毛が生えているが、柄節の５にも鞭節のそれよりも短い毛が密生している。

アンテナにチューブ

ところで、人間の場合、道具を持たせる部位としてまっさきに思いつくのは、おそらく「手」でしょう。手は敏感な触覚能力を持ち、そして腕によってさまざまな場所へ動かされ、外界を探索します。そして、鉛筆や箸など、さまざまな道具を使いこなします。

ダンゴムシにも、人間の手に相当する器官があります。それがアンテナです（図

34）。アンテナ先端の「鞭節《べんせつ》」には、特に敏感な触覚能力があります。そしてこの鞭節は、筋肉が入り関節でつながれる五つの節から成る「柄節《へいせつ》」によって動かされ、外界の探索に使われます。

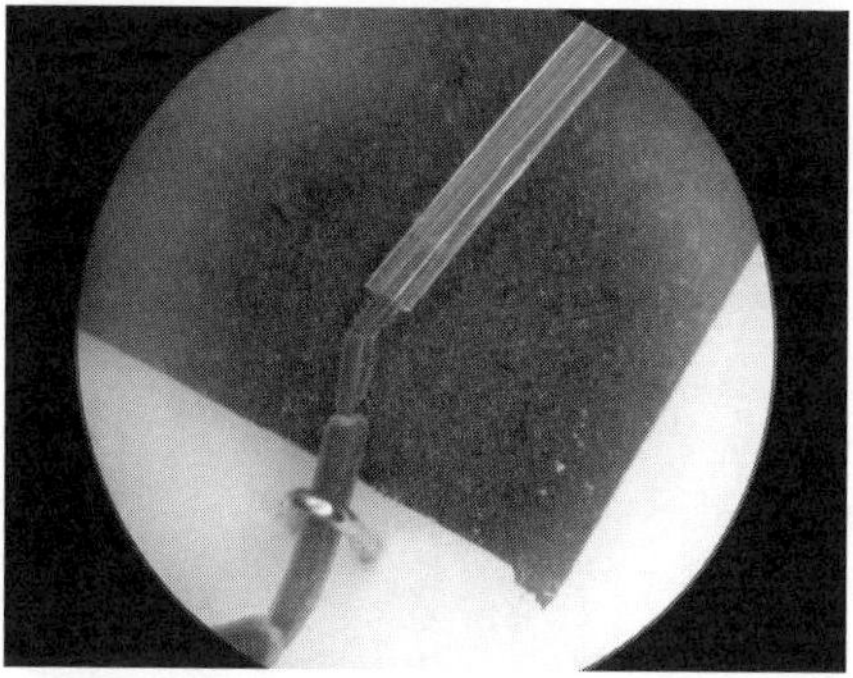

図35　テフロンチューブを被せられたアンテナ
鞭節先端にテフロンチューブを被せられている。この後、適当な長さに切る。図のように柄節の5を細い針金で固定し、チューブを被せる。

私は、このアンテナに、道具としてテフロンチューブを「持たせ」ました。実際には、図35のようにテフロンチューブを被《かぶ》せました。チューブの内径はアンテナの太さとほぼ同じで、ギュッとはめると、なかなかとれません。接着剤を使っていませんから、アンテナにある感覚毛は、化学物質による影響を受けません。このようにして、アンテナはチューブを「持たされ」、長くなりました。

この、アンテナにチューブを被せる

という条件は、もちろん特殊です。しかし、ダンゴムシの生活の中に、実は同じような状況があります。ダンゴムシは、前述したように、成長するために脱皮します。脱皮は古い表皮が浮いてきたあと、二つの段階で進みます。まず、お腹から後ろの部分の古くなった殻を脱ぎます。脱皮直後の体は柔らかく、捕食者に襲われれば大きなダメージを受けます。また、腹を空かせた他個体からも狙われます。そこで、せめて体の後ろ半分の脱皮を先に済ませ、逃げるための脚が固まってから、お腹から頭までのより重要な前半分の脱皮を行うというわけです。

　体の前半分には、もちろんアンテナもあります。したがって、脱皮の際、ダンゴムシはしばらく古い殻を、まるでマスクのように、アンテナを含む前半分に被った状態でしばらく過ごすのです。このように、アンテナに殻という異物が被さったまま行動する状態が自然界でもありうるのです。

　ですから、古い殻の下にある新しいアンテナは、異物を介した通常とは異なる振動を通して外界の状態を知らなくてはなりません。そして、ダンゴムシにはそのための能力が秘められているはずです。私は、古い殻の代わりにチューブを被せると、彼らはその能力を利用し、チューブを外界探索のための道具として使うのではない

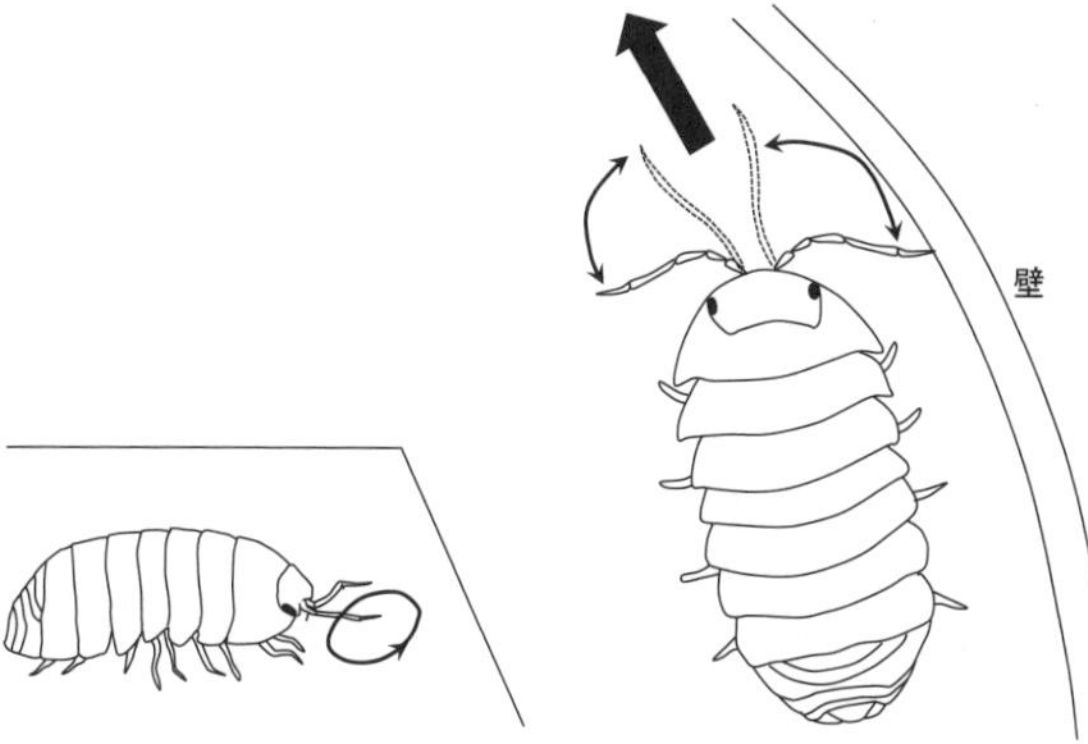

図36　通常個体のアンテナの動き
個体は壁とほぼ平行に、また一定の距離を保ちながら、大きな矢印の方向へ移動している。上から見た場合、アンテナは開閉して見える。この動きは、実際には、枠外の図のように、旋回である。

かとの期待を込めたのでした。

弓なりのアンテナ

ダンゴムシはアンテナに被せられたチューブをどのように使うのでしょうか。実験では、ダンゴムシはアクリルの壁で囲まれた円形のアリーナに置かれ、自由に歩くことを許されました。アンテナに何も付けていない通常個体を上から観察すると、アンテナはピンと伸び、開いたり閉じたりして見えます。そして、片側のアンテナで壁を叩き、壁からほぼ一定の距離を空けて壁沿いを移動します（図

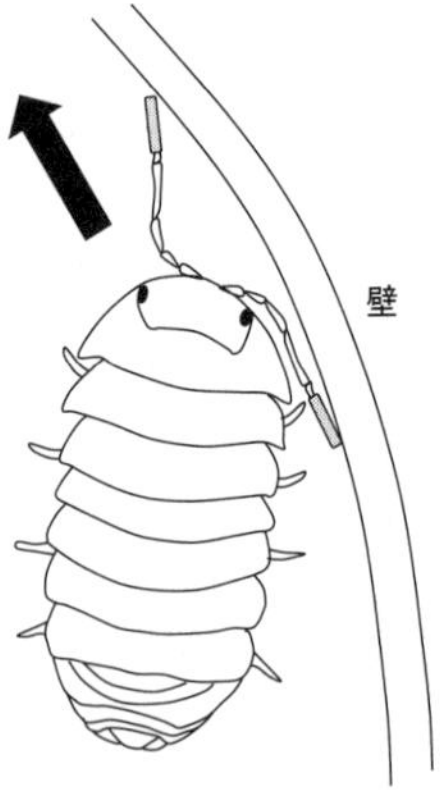

図37　チューブ装着当初のアンテナ

個体は壁と平行にはならず、頭部を擦りつけるようにして、矢印の方向へ移動している。壁側のアンテナは折れ曲がるようになってしまい、感覚を得にくいように見える。反対側のアンテナもしきりと壁に触れようとする。

36）。

これに対し、チューブ装着個体の壁側のアンテナは折れ曲がるようになってしまい、移動もぎこちなくなってしまいました（図37）。頭、あるいはアンテナの根元で壁を探ろうとするせいか、頭を壁へ擦りつけるような姿勢になり、体の軸は、通常個体と違い、壁と平行ではありませんでした。「実験失敗」という四文字が私の頭をよぎりました。

しかし、彼らを信じて観察を続けました。すると、十分を超えたころから、壁沿いの移動がスムーズになりだしました。そして、興味深いことに、そのときのアンテナの形状は「弓なり」だったのです（図38）。この状態のアンテナは、折れ曲がっているというよりは、「壁を押している」感じでした。また、体の軸も、通常個体のように壁とほぼ平行で、壁と体の間にほぼ一定の距離が保たれていました（同図）。移動速度も、通常個体と大差ありませんでした。

この実験により、ダンゴムシは、チューブをアンテナに付けられても、アンテナの形状を自発的に弓なりに変えて触覚刺激を受け取り、移動をスムーズにできることがわかりました[25]。この弓なりになったアンテナから得られる振動は、主に「柄節（図34）」の関節が受け取っているのではないかと考えています。アンテナ先端の「鞭節（同図）」が人間の掌に相当するならば、「柄節」は手首から肩にかけての腕に相当するでしょう。その関節は、人の手首や肘に当たるでしょう。私たちの腕のそれらの関節が感じる感覚は、「触運動感覚」といわれています。

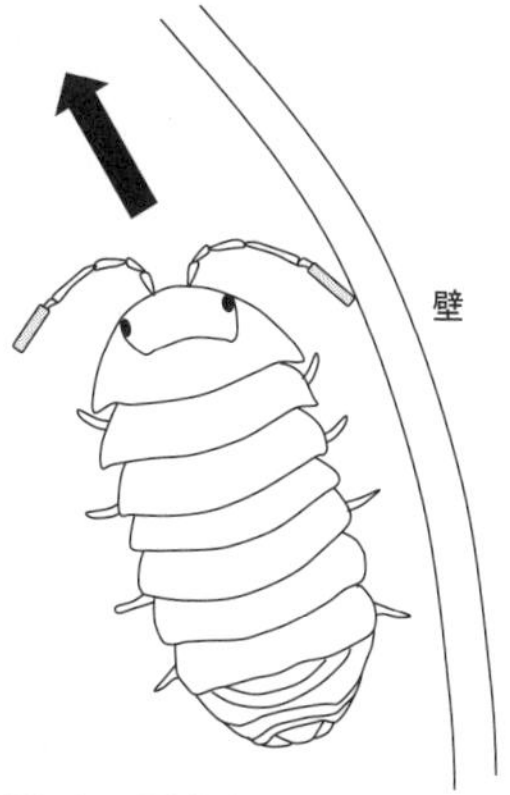

図38　弓なりのアンテナ
個体は壁とほぼ平行に、また一定の距離を保ちながら、矢印の方向へ移動している。上から見た場合、アンテナは弓状に見える。

たとえば、水を張った風呂に腕全体を入れて動かすと、抵抗感が関節を通じて感じられます。それは掌が感じるような触覚ではありませんが、確かに関節が感じる触感覚です。

多くの関節を備えるダンゴムシの柄節にも、おそらく触運動感覚の機能はあるでしょう。そして脱皮においてアンテナに古い殻が被さり、鞭節の感覚毛の動きが制限され、通常とは異なる振動を通して外界の状態を知らなくてはならないとき、柄節の関節を通した触運動感覚が用いられていると思います。

テフロンチューブを使ったアンテナ伸長実験では、感覚毛がより強く固定され、また、チューブの厚みは脱皮の殻のそれよりも十分勝《まさ》るため、柄節の触運動感覚の使用がより強く要請されたでしょう。そこで、彼らは柄節を弓なりにしてアンテナを壁に押し付けることで、関節からの感覚の感度をより高くしたのだと推測されます。

このように、アンテナから得られる振動が通常とは異なっても、外界の状態を積極的に知ろうとする能力があることがわかりました。しかし、ここでは、アンテナの柔軟な使い方は見られたものの、チューブの「道具としての使い方」は見られま

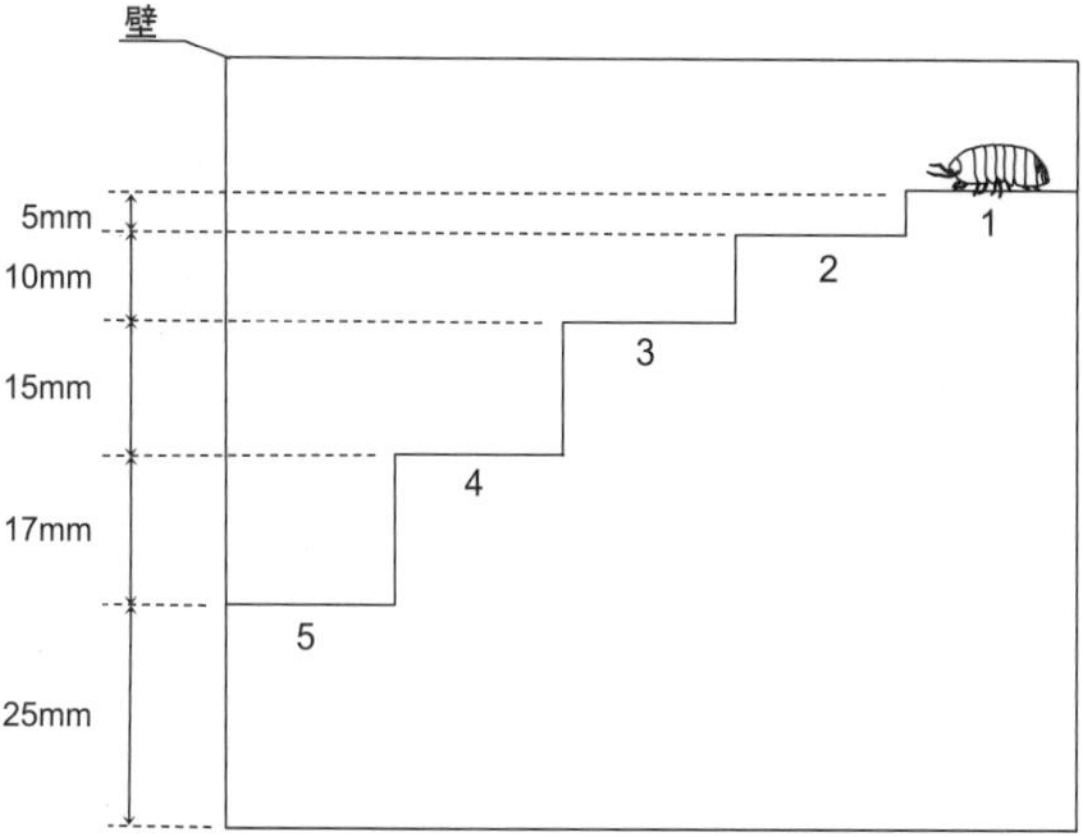

図39　階段装置

踏み面の幅は体幅より少し広い８㎜、長さは体長の約２倍の２㎝。２枚の四角い透明アクリル板が階段全体を挟み、壁となっている。踏み面には滑り止めが張られ、個体ごとにすべて交換された。また、蹴上げ板はアクリル板の表面のままなので、脚は滑って掛けることはできない。

せんでした。

チューブの杖で、距離を探る

先ほどの実験で、ダンゴムシのアンテナは、テフロンチューブを付けられても、その形状を調整し、外界を探る機能を保てることがわかりました。そこで、次の実験では、ダンゴムシがテフロンチューブを「使えるか」どうかを調べました[26]。

実験で使われる各ダン

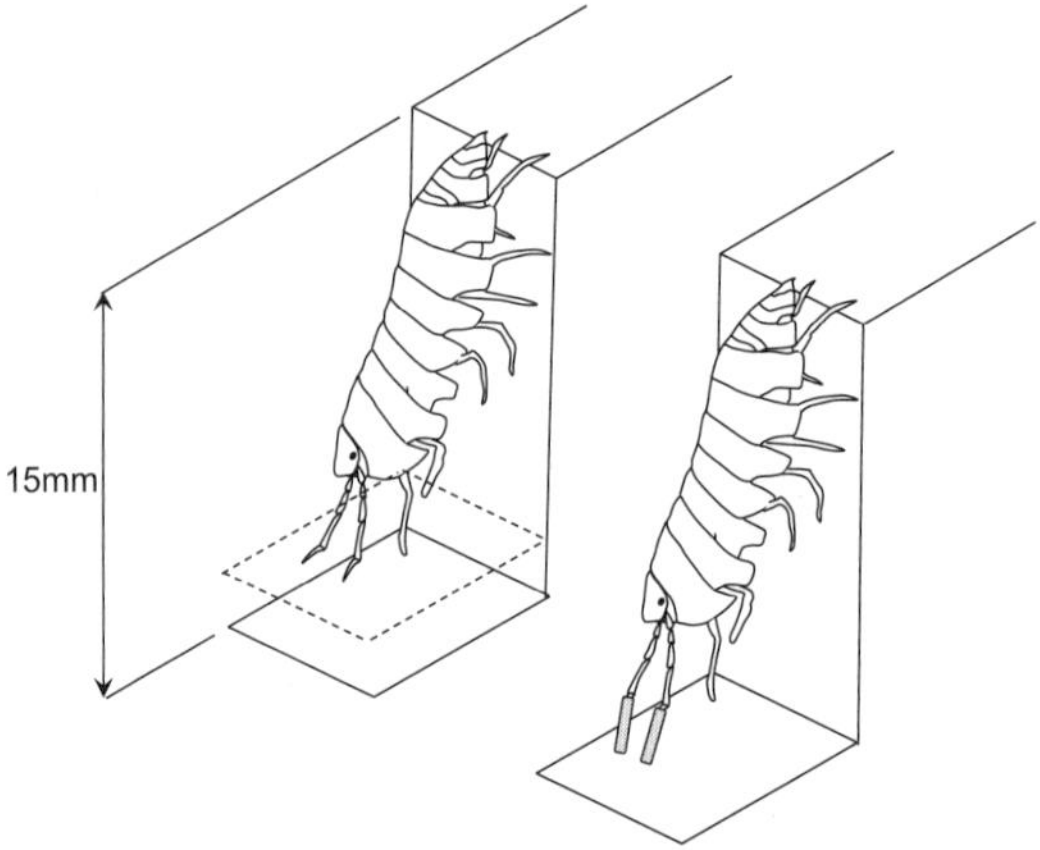

図40　階下をアンテナで探る様子

左図は、通常個体が第３段から第４段（段差15㎜）をのぞみ、アンテナが届かない様子。点線の四角が、アンテナの届く面。右図は、チューブ装着個体のチューブが第４段へ届いている様子。

ゴムシは、５段の下り階段の最上段（１段目）に置かれました（図39）。この階段では、各段と次の段の差が、上から5、10、15、17そして25ミリメートルと順に大きくされました（同図）。視覚の利かないダンゴムシは、各段の端に達すると階下をアンテナでまず探り、その後体を伸ばしてアンテナと脚で探り、何らかの判断を下して降りていきます（図40）。

実験の結果、チューブを付けられていない通常個体における最大到達段は、平均で2・6段目でした。すなわち、3段目までしか降りられなかったことがわかりました。これは、3段目にいるダンゴムシのアンテナは、15ミリメートル下の4段目には、十分探索できるほどはアンテナが届かなかったからだと考えられます（同図）。

一方、アンテナにチューブを被せられた個体における最大到達段は、平均で3・8段目でした。すなわち、4段目まで降りられたのです。この結果は、アンテナにチューブを被せられた個体は、3段目から15ミリメートル下の4段目をのぞいたとき、チューブの先端が4段目へ届き、「4段目を十分探索できた」からだと考えられます（同図）。

このように、ダンゴムシはチューブを「杖のように」使って、通常では到達できない遠くの地点まで移動できるようになりました。ダンゴムシの状況を考えるには、私たちが目をつむり、杖を持って彼らが置かれたのと同様の階段の最上段に置かれることを想像するとよいでしょう。杖を持っていれば、素手のときに比べより深い段を探ることができることが想像できます。そして、届く段まで降りられるでしょう。確かに、私たちも、そのような行動をとるかもしれません。しかし、より深い段まで降りることは、そんなに魅力的でしょうか。

杖を初めて持ったときは、探索の欲求が高められ、杖が届くところまで降りていくかもしれません。しかし、より深い段に降りるのは結構大変です。飛び降りるのであれば、足への衝撃は大きくなります。そして、そのうちに、杖によってより深い段を探れても、「深いからこそ」その段には降りないようになるのではないでしょうか。そして、このような使い方が現れてこそ、探索の道具として、杖を使ったと言えるのではないでしょうか。

では、ダンゴムシは、人間が探索の道具として杖を使うように、チューブを使うことができるでしょうか。それを確かめるために、次のような実験を行いました。

今度の実験では、チューブを付けられた各個体は、まず約十分間、壁のあるアリーナ内で放置され、自由に歩くことを許されました。自由に歩く間に、彼らがチューブに慣れることを期待したのです。そしてその後、階段実験を行いました。

すると、今度の個体群における最大到達段数は、平均2・7段目でした。すなわち、「3段目までしか降りなかった」のです。これに対し、前回自由歩行なしで階段実験を試された個体群における最大到達段数は、前述の通り、平均3・8段目でした。すなわち、4段目まで降りていました。ちなみに、チューブの付けられていない通常個体群に、十分間自由歩行をさせてから階段装置へ投入すると、最大到達段数は平均2・6段目でした。すなわち、「3段目までしか降りなかった」のです。

このように、チューブ付きのダンゴムシは、チューブに十分慣れると、チューブを付けられていない通常個体の達する段数までしか降りなくなったのです。すなわち、「チューブの先端が通常より遠くへ届いても、その地点には向かわなくなった」のです。

それはなぜでしょうか。実験結果は、目をつむった私たちが、使い方に慣れた杖を頼りに同様の装置に入れられたときにとると予想された行動と同じです。前回の実験のように、チューブを付けられてすぐに階段実験装置へ入れられると、ダンゴムシは通常届くよりも遠くの地点からの触覚刺激をアンテナから得ることで、通常より深い段まで降りました。この行動は、ダンゴムシがチューブを道具的に使ったように捉えられますが、触覚刺激への単なる反応と言えなくもないでしょう。

これに対し、今回の実験では、階段装置へ投入される前に、チューブを付けたまま自由に歩行することを許されました。このように、自由に動いてチューブ付きのアンテナを使うことで、チューブが装着されたことに慣れたのでしょう。そして、チューブが「アンテナの先にあること」を「使える」ようになったからこそ、階段へ投入されたとき、体もアンテナも伸びきって、さらにチューブを通して触覚刺激が得られても（図40）、その触覚刺激は通常届かない遠い地点からであることを知覚できたのではないでしょうか。そして、そのような深い場所にはわざわざ降りていかなかったのでしょう。理由は、やはり無理な姿勢をとることによる体への負担が大きいからでしょう。また、あまり深いところへ一度降りてしまうと、再び戻ることが難しいからかもしれません。

この第二の実験の結果こそ、ダンゴムシが距離を探ろうと「チューブを道具的に使用した」ことを強く示唆します。

丸くなるのは反射的、元に戻るのは自律的

以上のように、ダンゴムシの心を探る実験は、ダンゴムシの知能を探る実験も生み出しました。まだまだ多くの実験が行われ、また、現在も進行中ですが、この章の最後として、ダンゴムシの最もよく知られた特徴である、体を丸めることに関す

る実験を紹介したいと思います。

この実験は、二〇〇七年度の卒業研究生の一人がほとんど独力で行いました[27]。彼女は、ダンゴムシの行動をしばらく観察し続けた結果、彼らの特徴である球形化の解除のタイミングは、ダンゴムシ一匹一匹が、体を元のように伸ばしてもよいだろうという「頃合いを見計らって」決めているのではないかと思い、それを実験で確かめようとしました。

私たちがよく知っているように、ダンゴムシは、触られたり息を吹きかけられたりすると、しばしば体をボールのように丸めます。この「球形化反応」には、外敵に触れられたときに柔らかい腹を守る、空気が乾燥しているときに腹部の呼吸器官から水分が過剰に蒸発するのを抑える、といった効果があります。

ところで、この球形化は、触られたり息を吹きかけられたりしたとき素早く発現されますが、これに対し、丸まってから再び体を開くまでの時間は、個体ごとに千差万別であるように見えます。そして、これこそダンゴムシの自律性の現れであると思われました。そこで、球形化の起こり方の観察と、その解除時間の測定が行われました。

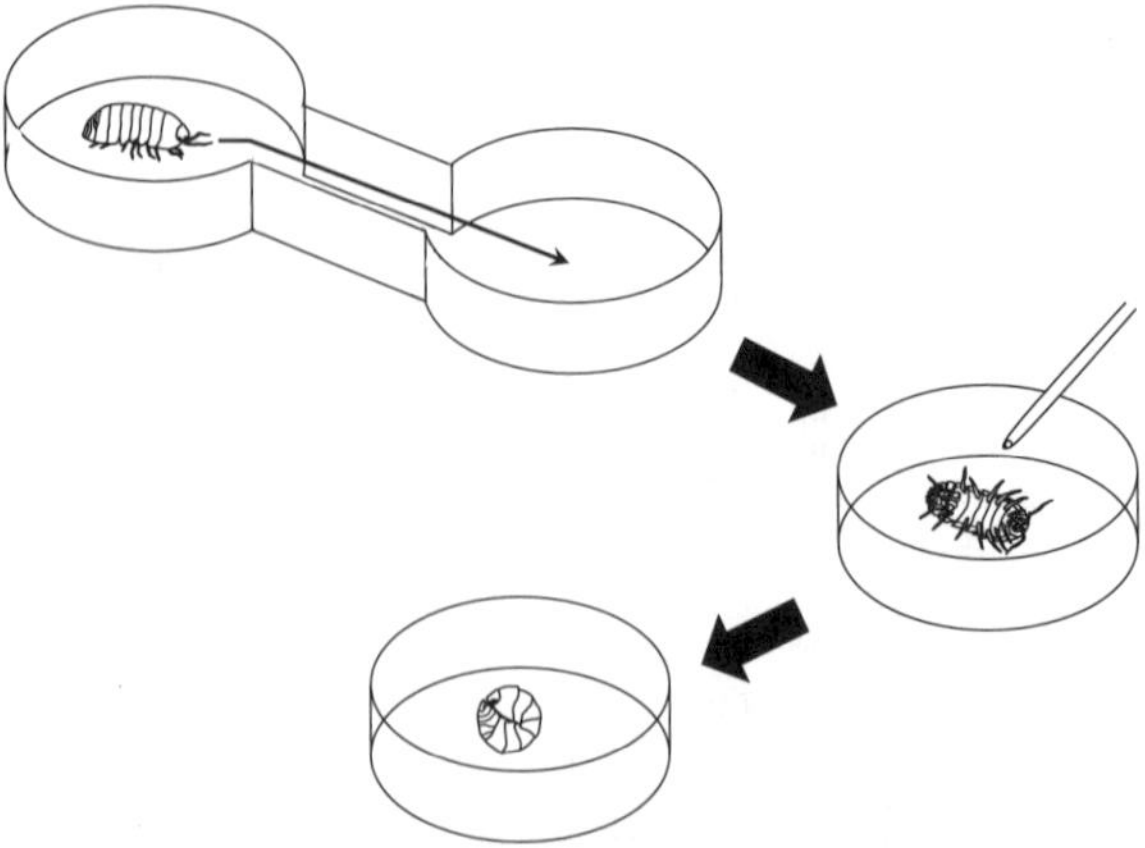

図41　球形化解除実験の装置と手順
自発的に歩いてゴールへ着いた個体は（上段）、実験者によって静かに仰向けにされる（中段）。その後、細いパイプから空気が個体腹部に発射される。すると、個体は球形化反応を発現する（下段）。

実験では、ダンゴムシはまず短い通路を歩かされました（図41）。通路の先は円形の小さなアリーナになっていて、個体がそこに出ると、実験者が個体を別のシャーレの上に仰向けになるように置きました。このとき、大きな振動を与えるとダンゴムシは球形化してしまいます。実験者は自分で練習をして、振動を与えないようスムーズに個体をひっくり返しながらシャーレへ移す技を習得しなければなりませんでした。

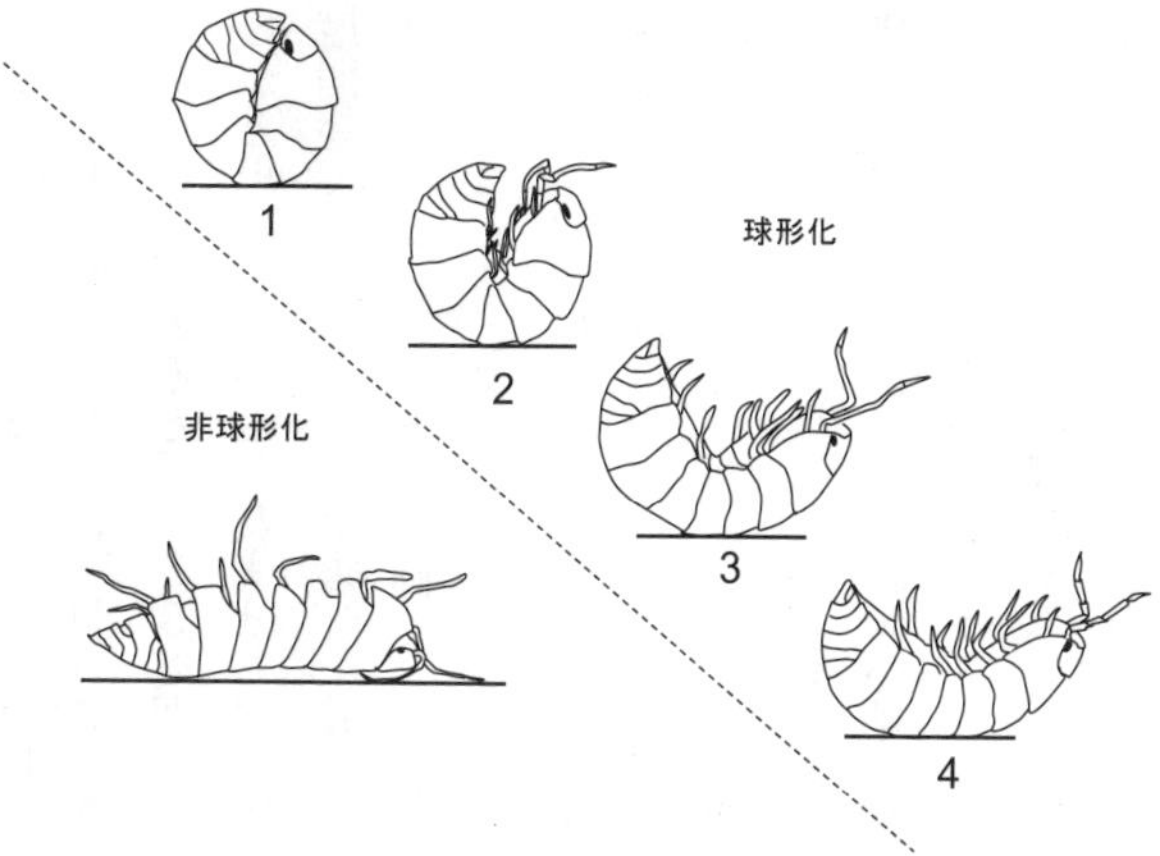

図42　球形化反応の種類
1は開き具合0度、2は45度、3は90度、4は135度。

シャーレの上で仰向けにされた個体の腹にはポンプによって押し出された一定量の空気が、細いパイプを通して吹きかけられました。すると、全八十一匹中、八割に当たる六十五匹が球形化反応を示しました。この球形化反応の基準は次のように決められました（図42）。

まず、当然のことではありますが、空気を吹きかけられても体がまっすぐに伸びた状態は、球形化と認められませんでした。同図の1のように、個体を横から見たときに、完全に体が球になっていて隙間がないとき、2のように45度開いているとき、3のように90度開いているとき、そして4のように135度開いているときを球形化反応としました。

同図を見ていると、135度開いているときを球形化反応に含むのはいかがなものかと思われるかもしれませんが、実際のダンゴムシの様子を見ていると、135度開いていても、すなわち、45度しか丸まろうとしなくても、その素早さ、そして丸くしてからじっと体を固くしている様子は、少なくとも、「球形化『反応』を起こした」、と言えました。

さて、個体によって球形化の度合いはさまざまですが、球形化した個体がそれを解除するまでの時間は、球形化の度合いによって異なるのでしょうか。球形化の度合いが、防御したいという欲求の度合いに比例するならば、すなわち、球形化がより完全なほど、防御したいという欲求が高いならば、球形化の度合いと球形化解除時間の間には、正比例の関係が見られそうです。すなわち、球形化が完全な個体ほど、解除までの時間も長そうです。

ところが、実際に調べてみると、そのような関連はありませんでした。ギュッと丸まっていようと、45度しか丸まってなかろうと、すぐに開きはじめた個体もいれば、なかなか開きはじめない個体もいたのです。

ここで、試しに、一度球形化した個体がそれを解除した（体を開き切った）ときに、もう一度最初と同じ強さの風が当てられました。すると、二度目に起きた球形化の度合いは、一度目のそれに比べ、小さくなってしまうこと、すなわち、ダンゴムシは風を続けてお腹に受けると、慣れてしまうことがわかりました。ただし、解除時間には慣れは起きませんでした。すなわち、二度目は一度目よりもさっさと開いてしまうということはありませんでした。また、この二度目の実験でも、球形化の度合いと解除時間の間に特別な関連はありませんでした。

これらの結果からわかったことの一つは、お腹への風という刺激に対し、ダンゴムシは迅速に球形化を起こすこと、そして、同じ刺激を与えると、慣れが生じることです。これらの事実は、ダンゴムシには共通して風を刺激とし、球形化反応という行動を起こす機械的な行動発現機構が存在することの証拠です。

これに対し、わかったことの二つめは、球形化の解除時間は、球形化の度合いや慣れと全く関係がないということです。すなわち、おのおののダンゴムシが球形化解除の頃合いを自ら、そのつど決定したのです。このように、自らの判断に基づいて行動を発現できるダンゴムシに、「自律性」を認めないわけにはいかないでしょう。

ダンゴムシの心、再考

「観察者は、観察対象を未知の状況に遭遇させ、予想外の行動を観察することで、その心の存在を確かめることができます。私たちは、あらゆる観察対象において心の存在を実感し、実証する手段を得たのです。」

これは、第一章において私が提示した仮説です。第二章でのダンゴムシの実験では、この仮説の検証を行いました。そして、変則転向、壁登り、泳ぎ、障害物への乗り上がりといった予想外の行動が、彼らを実験的に未知の状況に遭遇させることで現れました。

これらの行動に接したとき、私は、ダンゴムシにおいてその行動を自律的に選択する何者か、「内なるそれ」を実感しました。この「内なるそれ」が、「ダンゴムシの心」なのです。

私はダンゴムシを、心の存在を実感するためのパートナーとして選びましたが、心を見いだしたいと思う対象は、人によってさまざまでしょう。もしあなたが心の存在を実感したいと思う対象があるならば、その対象から予想外の行動を引き出すためには、未知の状況を設定しなくてはなりません。ただ、未知の状況を設定するには、その対象にとって未知でない、日常的な状況を先に知らなくてはなりません。

そのためには、対象と、とことん付き合うしかありません。その当たり前のような流儀に従うことが、まず必要です。ですから、この章の冒頭で述べたように、ダンゴムシの心を見いだす実験、それは、「私とダンゴムシの付き合いの歴史」でもあるのです。そのために本質的に必要とされたのは、淡々と付き合うこと、そしてもう一つ、「何とかなるさ」という心構えだったのかもしれません。

第三章

ダンゴムシ実験の動物行動学的意味

心の研究と動物行動学

私は、ダンゴムシにおいて心を見いだすために、多重T字迷路、水包囲アリーナ、そして環状通路を使って実験を行いました。これら、「未知の状況を与える」装置を使った実験の設定には、まずダンゴムシと付き合い、適応的な特定行動と、それを発現させる特定状況を見いだすことが必要でした。

私たちは、ある動物においてある特定行動が発現するのを目にすると、なぜその行動が発現されたのかを考えます。そして、その行動はある特定状況の下で発現することが、その動物と付き合っているうちにわかってきます。ダンゴムシの場合、「交替性転向」という特定行動が、「石や壁のような障害物に遭遇する」という特定状況の下で発現することがわかりました。

ただ、「現実には」、特定状況を動物に与えても、特定行動が発現されるか否かは、今現在のその動物の状態にかかっています。すなわち、特定状況は特定行動を一意には決定できません。たとえば、その動物が病気であれば、発現されないでしょう。また、病気でなくても、そもそも彼らがその特定状況に気づいてくれなくては、すなわち、注意を払ってくれなくては、その行動は発現されません。そして、私たち観察者にできるのは、実験装置を与え、その注目を促すだけです。すなわち、直接手を下して注意を向けさすことはできません。たとえば、ダンゴムシのT字迷路実験では、通路に投入すると、どうしても後退してしまう個体がまれにいました。このような個体に対し、むやみにお尻をつついたりすることは逆効果です。萎縮し、動かなくなってしまうのが落ちです。実験者は、彼らの気が向くのをじっと待つしかないのです。

ですから、私が最も興味を引かれるのは、動物は、私たちが特定状況を与えると、それ以外のさまざまな状況を察知する能力を持っているのに、「自律的に」提示された一つの特定の状況のみに注目するという、その「事実」です。

それには、他の多くの状況に注意が移るのを抑制する力が必要です。たとえば交替性転向が発現されるには、壁面の肌理《きめ》に注意が移ってはいけません。その抑制力のもとが「心」です。この力は、逆説的ですが、「未知の状況において、予想外の行動を発現させる潜在力」としてしか確認できません。

このように、私の興味は、動物の行動とその発現を支える心にあります。ところで、ある動物の行動が、なぜ、そのとき、その場所で発現したのかを考える伝統的学問分野があります。それは「動物行動学」です。したがって、私の興味は、動物行動学と大いに関連があるはずです。

動物行動学における四つの「なぜ」

動物行動学を創り上げたのは、鳥のヒナの刷り込みで知られるコンラート・ローレンツ、ミツバチの8の字ダンスで知られるカール・フォン・フリッシュ、そしてイトヨの配偶行動で知られるニコ・ティンバーゲンです。

この三人は、一九七三年に「個体的および社会的行動様式の組織化と誘発に関する研究」で、ノーベル生理学・医学賞を受賞しています。特に、ティンバーゲンは、ある動物の特徴的な行動を目にしたときに、私たち研究者が素朴に抱く「なぜその行動をとったのか」という疑問には、次の四つの問いとして答えなければならないと提案したことで有名です。この問いは、動物の行動を研究する者にとって重要な指針となります。

一つめは、その特徴的な行動が「どのような仕組みで生じるのか」という問いです。その行動がその動物種において特徴的である、すなわち、ある動物種における多くの個体で観察されるならば、何か共通の仕組みがあると推測されます。

二つめは「どのような機能をもっているのか」という問いです。その行動がある動物種で一般的に観察されるならば、それには生存に役立つ機能が備わっているはずです。

三つめはその生物の成長につれて「どのように獲得されるのか」という問いです。その動物種の中には、その特徴的な行動をとらない個体もまれにいるでしょう。とる個体ととらない個体とでは、何か違いがあるはずです。それは異常なのではなく、その行動は、その動物がある程度成長しないと発現しないからなのかもしれません。

四つめは「どのように進化してきたのか」という問いです。その動物種は、地球上にあるとき突然現れたというわけではないでしょう。かつて存在していたはずの多くの近縁種とともに厳しい自然選択の過程で試され、その結果、他の動物種が淘汰され、今の動物種が選ばれたはずです。選ばれた理由の中には、その特徴的行動の有用性も含まれるはずです。

このように、今目にした行動の発現は、機構、機能、発達そして進化という要因が互いに複雑に関わって実現するのです。一つの行動がなぜ生じたのかに答えるのは、そう簡単なことではないのです。

擬人化

ところで、ある動物行動が起こった理由を考えるとき、この「四つのなぜ」に照らし合わせて慎重に過程を踏まえるのには、重要な理由があります。それは、私たちは動物の行動をついつい「擬人化」して考えてしまうために、その行動が発現した原因を、安易に知能や知性といったものに帰してしまいがちだということです。そのような推論は、進化の過程で獲得されたその行動の優れた発現機構を見逃し、また、知能や知性の本質を歪曲してしまいます。

ここでは、例として、ジガバチのエサ捕獲行動を見てみましょう[28]（図43）。この動物は、産卵の時期になると地面の適当な場所に縦穴を掘って、土の塊で入り口を閉じ、獲物であるイモムシを探しに出かけます。獲物を見つけると、毒針で麻酔し、これを引きずって事前に掘った穴の近くへ置き、穴の中に一度入って内部を点検するかのような行動をとった後、獲物を内部に引っ張り込み卵を産みつけます。

ここで、ジガバチが穴に入って内部を点検している最中に、実験者が穴の入り口の獲物を少し離れた位置へ置くと、ジガバチは再びそれを穴のそばに置き、そして、すでに終了したはずの穴の点検行動を再度行います。この再度の点検のとき、実験者が再び獲物を動かすと、ジガバチはまた同じように獲物を探索し、三回目の点検を行います。

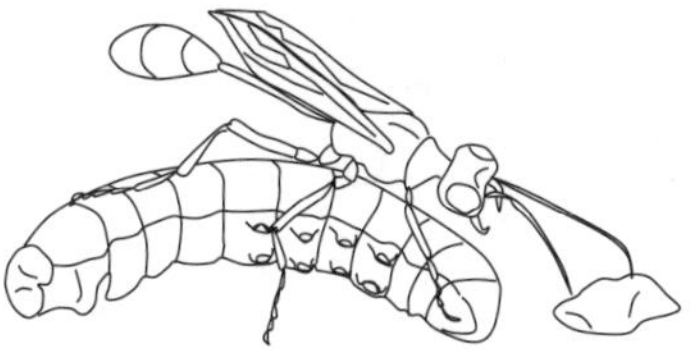

図43　ジガバチのエサ捕獲行動
麻酔したイモムシを引きずって運び、立ち止まって穴を探る様子。

このように、獲物の探索という行動は穴の外に何もないということを刺激として、また、穴内部の点検行動は穴の付近に獲物があることを刺激として、それぞれが「機械的に」発現してしまうようです。つまり、ジガバチは、「捕獲・点検・産卵」という手続きの意味を理解した上で、すなわち、思考や判断といった知能に基づいて作業しているわけではないのです。このように、一見複雑で知的に見えるまとまった行動も、刺激と行動の機械的な連鎖の結果にすぎない場合が、動物では多々知られています（ただ、「それでも未知

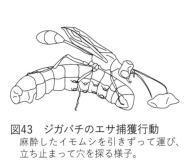

の状況をうまく設定すれば、知的行動を見いだせる」というのが、もちろん私の立場ではありますが)。

ティンバーゲンは、特定の刺激によって機械的に発現される特定の行動を「定型的活動パターン」、定型的活動パターンを発現させる特定の刺激を「鍵刺激」と呼びました。そして、鍵刺激の受け取りから定型的活動パターンの発現に至るまでの仕組みとして「生得的解発機構」を提案しました[29]。

生得的解発機構には、刺激の受け取りのための「感覚器」、感覚器の作る電気信号を伝える「神経系」、そして神経系からの指令で行動を実現する筋、骨格等の「運動系」が含まれます。ジガバチの例は、ある定型的活動パターンが次の定型的活動パターンの発現のための鍵刺激となり、定型的活動パターンの発現が連鎖的に起こる典型的な例なのです。

以上を踏まえると、動物の行動が発現する理由として、安易に知能や知性を持ち出すことは危険です。たとえ知的なまとまった行動に見えても、必ず、その行動の発現は、生得的解発機構によって説明可能かどうかを考察する必要があります。

ダンゴムシの交替性転向の場合、鍵刺激である「左(または右)の転向」が、生得的解発機構である「左右非対称脚運動」あるいは「アンテナ性の走触性」を働かせ、定型的活動パターンである「右（または左）の転向」を発現させると説明できます。

動機づけ

ところで、この定型的活動パターンは、鍵刺激が動物に提示されればいつでも発現するわけではありません。鍵刺激は、その動物において、しかるべき「欲求」が生じるときに、初めて検知されます。その例として、研究の積み上げの多いヒキガエルの捕食行動をみてみましょう[30]（図44）。

ヒキガエルは、適切な形や大きさをもった物体が目の前を動くと、それに向き直り、舌を伸ばしてからめ取り、飲み込んでから口をぬぐうという捕食行動を発現します。ヒキガエルが物体に対して向き直った後、実験者がその物体を取りのぞいても、ヒキガエルは最後の口をぬぐうまでの行動を遂行してしまいます。このように、適切な形状の小さな動く物体は鍵刺激、一度解発されると途中では止まらない捕食行動は定型的活動パターン、と言えます。

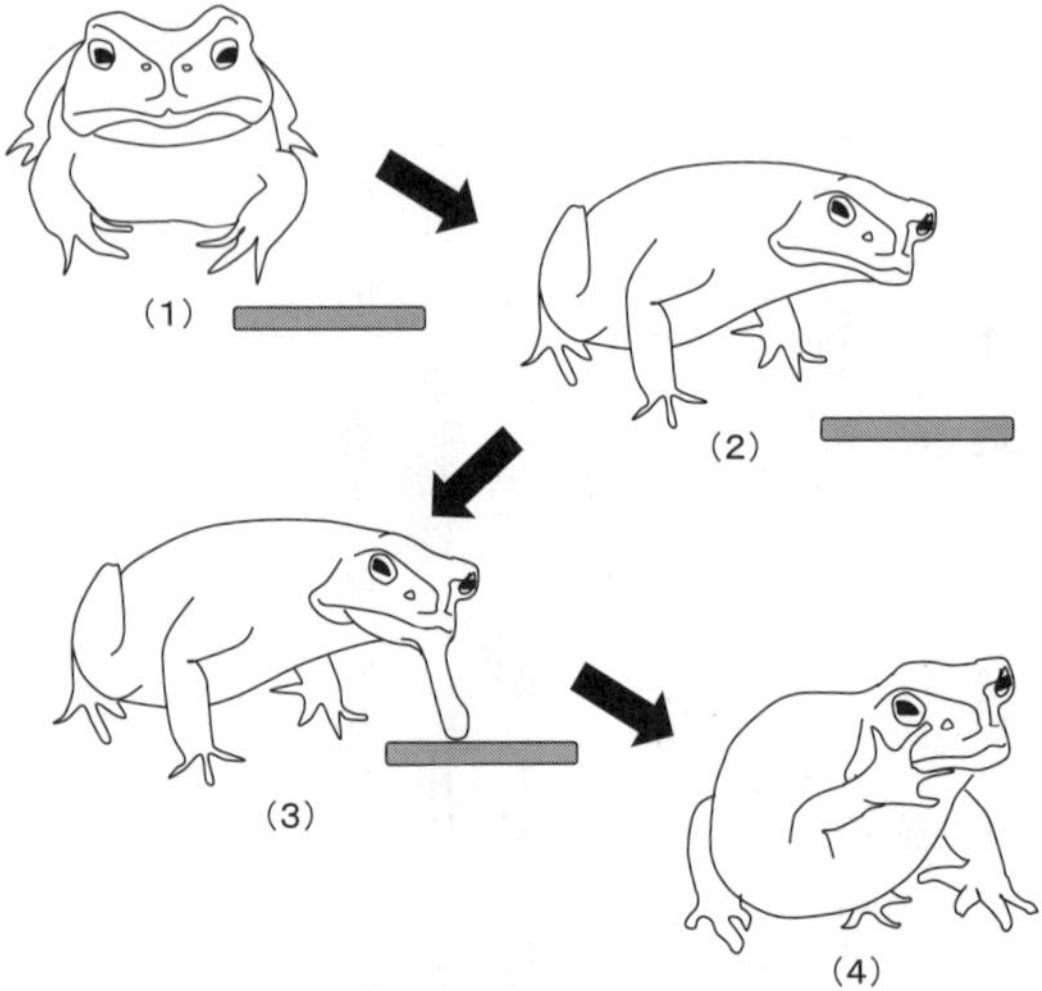

図44　ヒキガエルの捕食行動

文献［30］の図を改編した。横に細長く、長軸方向に動く物体が提示されると、ヒキガエルは視覚でそれを捉える(1)。次に体の向きを変え(2)、舌をからめてそれをとり、飲み込んだのち(3)、口をぬぐう(4)。

しかし、この捕食行動は、ヒキガエルの「食欲」という「欲求」の程度によって、発現されたりされなかったりします。ヒキガエルが空腹のときに鍵刺激を提示すると、捕食行動は迅速に発現されます。しかし、満腹のときに鍵刺激を提示しても、捕食行動は発現されません。また、冬眠の始まる冬には、捕食行動は発現されにくくなります。

このように、刺激の提示によって機械的に発現されるために「紋切型」といわれる定型的活動パターンですが、現実には、空腹や満腹のような「内的要因」、あるいは季節による気温の変動のような「外的要因」によって変化する「欲求」によって、鍵刺激が存在しても発現したりしなかったりします。

このように、欲求に訴えかけて、動物をある行動に導くことを「動機づけ」と言います。自然界では、動物は、自分たちを取り巻く自然によって自ずと動機づけられ、そして、特定の鍵刺激に遭遇したとき、定型的活動パターンを発現するのです。

したがって、実験室においてある定型的活動パターンを発現させるには、実験者が「自然界」となり、その動物を動機づけなくてはなりません。そして、その方法にこそ、実験者の「研究者としての手腕」がかかっています。あるいは、行動に関わる研究者とは、「動機づけの方法を習得するために多大な時間を費やす人々」、と言ってもよいでしょう。

ヒキガエルの場合、捕食行動を促すには、食欲を生じさせなくてはなりません。それは、何日間かヒキガエルを絶食させることで達成できると思います。しかし、たとえば、一年間ヒキガエルを絶食させることはもちろんナンセンスです。彼らはまちがいなく死んでしまうでしょう。では、捕食行動を導くには、どの程度絶食させればよいのでしょうか。

定型的活動パターンと動物の心

具体的には、満腹にした日から、空腹になってへたり込んでしまう日までのどこかに、食欲を最も高く生じさせる適切な絶食期間があるはずです。ここで、捕食行動を導く実験を「本実験」、本実験の事前に行われる、絶食期間を決めるための実験を「準備実験」と呼ぶことにします。準備実験では、実験者は、年齢や大きさをそろえたかなりの数のヒキガエルを用意し、それぞれを満腹にします。さらに、そのヒキガエルたちをいくつかの群に分けます。そして、それぞれの群を異なる所定の期間絶食させた後、各個体に小さな動く物体を提示し、捕食行動を起こした個体数を数えます。そして、捕食行動を起こした個体数が最も多い群の絶食期間を、食欲を生じさせる絶食期間と決定するでしょう。

しかし、実験者は、絶食期間を経たヒキガエルを、「ベルトコンベア式（学生時代、私は、スーパーで売られる出来合いのお弁当にベルトコンベアで流れてくる卵焼きをひたすら詰める夜勤のバイトをしたことがあります）」に、次々と本実験に供することができるのでしょうか。現実の実験者は、できません。

捕食行動を動機づけたい実験者が気にするのは、個体の「顔色」です。「落ち着いているかどうか」、すなわち、個体が食欲だけを生み出せるかどうか、です。落ち着きをなくした個体も空腹なのですから、食欲を生じているでしょう。しかし、落ち着きのない個体は、実験装置に置いた瞬間、逃げようと暴れるかもしれません。落ち着いている個体ですら、何をするかわかりません。もしかしたら、ある個体は実験室の扉の丸いドアノブを捕食者であるヘビの目玉と捉え、逃げ出すかもしれません。そして、すべての個体が落ち着きを保てなければ、私たち実験者は彼らに食欲が生じていたかどうかを判断することなどできません。

このように、定型的活動パターンとしての捕食行動を導きたいならば、ヒキガエルを閉じ込めて所定の期間空腹にし、「はい、がんばって」と本実験に供してもだめなのです。準備実験を終えるということは、その間にヒキガエルが「実験室という特殊な空間で、食欲以外の欲求を抑制できる」ようにするということなのです。それはすなわち、特殊な空間という、ヒキガエルにどんな欲求を生じさせてしまうかわからない状況で、ヒキガエルが食欲以外の欲求を抑制できるように育むこと、「ヒキガエルの心を育むこと」です。

なぜなら、第一章で述べたように、心とは隠れた活動部位であり、その働きは、状況に応じた行動の発現を支えるために、余計な行動の発現を抑制することです。実験室のヒキガエルは、心によって、食欲以外の欲求を抑制する、すなわち、捕食行動以外の行動が発現される可能性を抑制することで、初めて、鍵刺激を迷わず捉え、定型的活動パターンである捕食行動の発現を実現するのです。

研究者と動物の心

動物に定型的活動パターンを発現させるには、事前に彼らの心を育む必要があるようです。前述したように、実験者は、実験室では「自然界」の役割を担います。自然界で生きるヒキガエルは、実験室よりもずっと多様な欲求を生じさせられる可能性にさらされています。自然界は、ヒキガエルのさまざまな感覚器が感じ取ることができるさまざまな外的要因に満ちています。そしてそれらはヒキガエルにさまざまな欲求を生じさせます。

したがって、空腹に対し食欲を生じさせるためには、ヒキガエルは同時に生じているその他の欲求をどうしても抑制しなくてはなりません。それがうまくいかなければ、空腹のとき目前に現れたエサに対して迅速な捕食行動を発現することができず、貴重なエサに逃げられてしまいます。このように、自然界では、動物は自ずと心を育まれているのです。

一方、実験室で外的要因を与える「自然界」は、実験者です。そして、ヒキガエルにとって特殊な状況である実験室は、彼らにさまざまな欲求を生じさせる要因に満ちています。したがって、動物がある特定の欲求だけを現前させ、他の生じている欲求を抑制するという「心」を育めるかどうかは、実験者にかかっています。たとえば、ヒキガエルに食欲を生じさせるには、エサを断ち、余計な外的要因を与えないようにと無機質な空間に閉じ込めておくのは、逆効果です。本実験をするころには、恐怖から生じる逃避の欲求を抑制できなくなるでしょう。

そうではなく、エサを断ちつつ、落ち着ける状況をつくることが必要なのです。そのような状況は、論理的に導けるものではありません。「とことん付き合い」、「顔色を見ているうちに」わかってくるものです。ですから、本実験がうまくいく、すなわち、食欲が生じた状態で鍵刺激を提示できる実験者は、ヒキガエルがその他の欲求を自律的に抑制する心を育むことに成功したのです。その成功がなければ、機械的な定型的活動パターンの発現に立ち会うことはできないのです。

外から見ると、実験者の仕事とは、実験室の気温や湿度、提示刺激の均一化などの、実験環境の厳密な設定と計測機器による行動などの正確な記録のように見えます。もちろん、それは実験者の大事な仕事です。しかし、それらは手続きにすぎません。実験者が自分を研究者たらしめる仕事、それは、実験を始めるまでの準備期間に、動物の心を育んでおくことです。

このように、実験者が用意する特定の鍵刺激に対し特定の定型的活動パターンを発現させる生得的解発機構の機械的な働きは、動物の「心」が余計な欲求を自律的に抑制するという「非機械的な働き」によって初めて実現するのです。ここに、心の科学と動物行動学が接点を持つことになります。

「心の科学としての動物行動学」は、動物の欲求を自律的に制御する「動物の心」の働きを明らかにする学問となります。動物の心は、あるとき特定の欲求が生じ、ある定型的活動パターンが発現しようとするとき、その発現が完了するまで他の欲求が発現しないようそれらを自律的に抑制する「何ものか」です。

そして、心の働きは、定型的活動パターンに対する予想外の行動の発現として確認されます。なぜなら、動物の心はあくまで自律的にさまざまな欲求を抑制しています。このことは、それらの欲求を潜在化させることでもあります。ですから、動物の心は、自律的に、抑制された欲求を発現させることも可能なのです。

したがって、「心の科学としての動物行動学」の方法論は、動物の心の働きとしての予想外の行動が自律的に発現されるような実験を設定することになります。それは、ダンゴムシの実験で行われたような「未知の状況」を与える実験です。ダンゴムシでは、交替性転向という定型的活動パターンに対し、変則転向、壁登り、泳ぎ、障害物への乗り上がりといった予想外の行動が確かに発現しました。

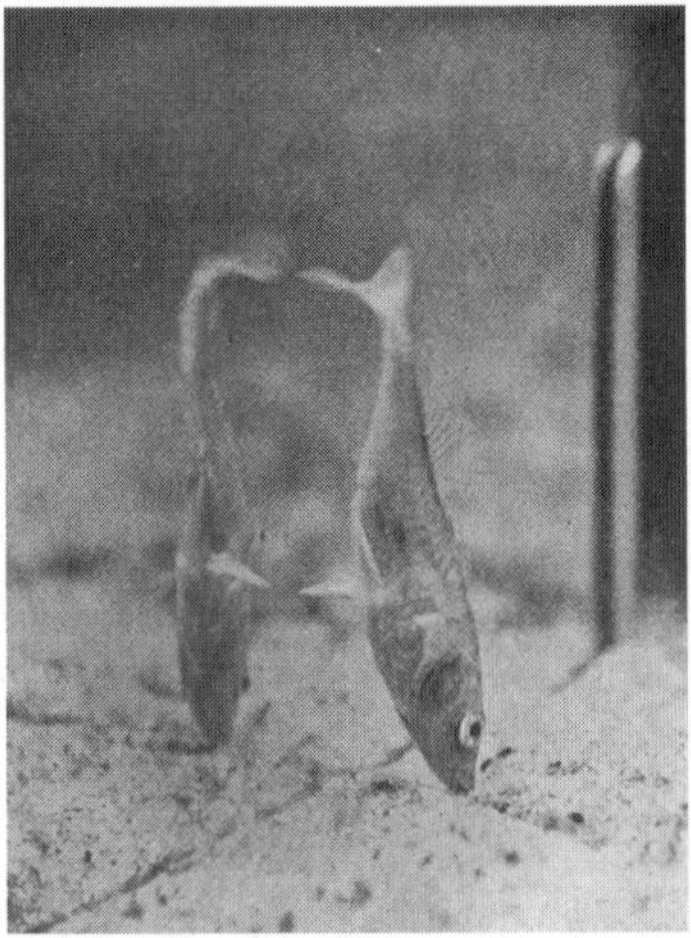

図45　トゲウオの仲間、イトヨの砂掘り行動
右がイトヨ個体、左が鏡の像。文献［29］の図からの引用。

葛藤行動と動物の心

ところで、動物行動学では、「葛藤行動」という興味深い行動が知られています。葛藤行動とは、相反する動機づけが同時に存在するときに現れる、「機能不明の非適応的行動」です。すなわち、「予想外の行動」です。その中でも、特によく知られているのが、ティンバーゲンが詳細に調べた、トゲウオの仲間の「砂掘り行動」です[29]。

トゲウオという淡水魚のオスは、繁殖期になるとなわばりを作ります。なわばりには自分が造った巣があり、メスを招き入れようとします。そして、他のオスがなわばりに侵入すると、猛然と攻撃を仕かけます。ただ、自分がなわばりを出て他のオスのなわばりに入ってしまったときは、オスを見ると戦わず、一目散に逃避します。
ここで、なわばりの境界に鏡を置くと、オスは「砂掘り行動」という「予想外の行動」を発現します（図45）。なわばり内のオスは、鏡に映った自分の姿を他のオスと思います。したがって攻撃したいのですが、いかんせん、なわばりの境界付近のため、逃避も動機づけられます。このように相反する動機づけが同時に存在するとき、トゲウオのオスは、攻撃でも逃避でもない、機能不明の非適応的行動である「砂掘り」を行うのです。

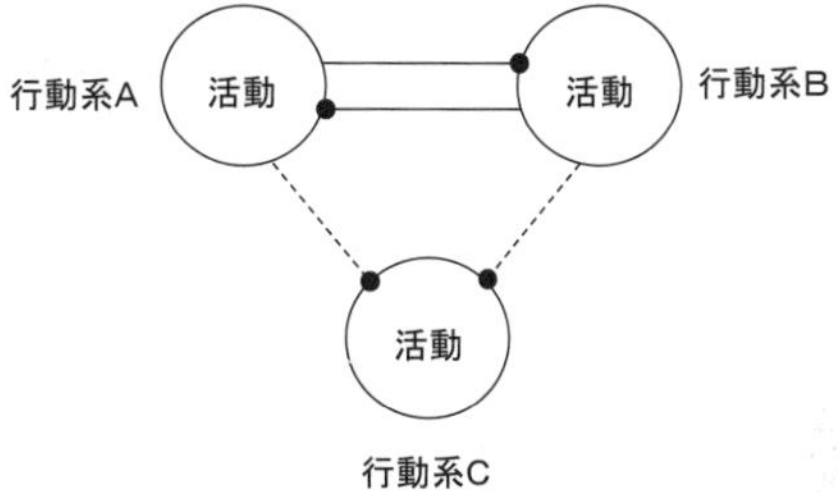

図46　葛藤行動の発現の仕組み
行動系AはB、Cを、BはA、Cを抑制する。A、Bが同時に活動し、互いが抑制し合う膠着状況になると、「手薄になった」Cへの抑制が解かれ、Cの行動が発現する。イトヨの場合、A、Bはそれぞれ逃避と攻撃、Cが砂掘り。

この葛藤行動は、「漁夫の利」のように現れると考えられています[29]。通常、攻撃と逃避は同時に動機づけられることはなく、一方が発現すれば、自動的に他方を抑制すると考えられています（図46）。ところが、なわばりの境界上に他のオスが現れる場合のように、たまたま両者が同時に発現しようとすると、互いを抑制し合ってどちらの行動も発現されず、そうこうしているうちに、第三の動機づけが「漁夫の利」で発現され、「砂掘り」が生じるというわけです（同図）。

ダンゴムシの実験でも、たとえば水包囲実験では、交替性転向と水からの逃避という、相反する動機づけが存在しました。そのとき現れたのが、「水への浸水」という「予想外の行動」でした。この浸水は、機能不明の非適応行動なので、トビウオの砂掘りと同様の葛藤行動と考えることができます。

ところが、私は、この浸水の発現は、心による自律的な抑制の解除と考え、交替性転向と水からの逃避の抑制のし合いから「漁夫の利」で生じたとは考えていません。なぜなら、同じ条件であるにもかかわらず、環状通路実験では、浸水ではなく「障害物への乗り上がり」という新たな予想外の行動が現れたからです。もし、浸水が「漁夫の利」として機械的に現れたのならば、環状通路実験でも、浸水が現れてしかるべきです。しかし、心は「自律的に」行動を選択するので、環状通路では、乗り上がりが発現したのだと考えています。

したがって、トゲウオでも、なわばりの境界付近に鏡を置く実験において、たとえば棒切れを置いておけば、砂掘りだけでなく、その棒切れをくわえて振るといった新たな「予想外の行動」が現れるのではないかと推測しています。なぜならば、トゲウオにも、ダンゴムシにみられたような「心」があるはずだからです。さまざまな動物に、心はみられるのではないでしょうか。そして心は、自律的に、予想外の行動を選択します。葛藤行動は、心による作用の一つと考えられます。

「心の科学」という遺産

動物行動学の先人である、ローレンツ、フリッシュ、そしてティンバーゲン。彼らの詳細な行動観察と実験から得られた生得的解発機構と動機づけという、動物行動の説明概念は、後世の私たちに心の科学の可能性を与えてくれたのだと思います。すなわち、彼らの功績は、生得的解発機構という概念で、動物の行動が発現する仕組みを解明した点と、動機づけという、生得的解発機構を働かせるための「解明がより困難な」概念を提示したことだと思います。

鍵刺激によって定型的活動パターンが発現するという生得的解発機構の概念は、動物のもつ機械的側面を明らかにしました。ヒキガエルでいえば、横長の長方形を水平方向に動かせば、捕食行動が発現されるのです。現在盛んなロボット研究は、この概念が基本になっていることはまちがいないでしょう。

一方、動機づけの概念は、どんなに動物を機械として記述しても、その機械が正しく機能するための環境、すなわち欲求という内的状態の設定は、動物による「非機械的な」決定にゆだねられることを示唆しています。ヒキガエルの捕食行動は、彼らに食欲が生じていないと発現しません。しかし、食欲は、空腹にすれば生じるというものではありません。食欲は、それだけを生じても構わないと彼らの心が自律的に判断する環境、すなわち、心が食欲と同時に不可避的に生じるその他の欲求を自ずと抑制できる環境にあって生じます。実験者は、その環境を、ヒキガエルと付き合っていくという「コミュニケーション」を通してつかんでいくしかないのです。

最後に、この「コミュニケーション」のより自然な例を、トゲウオの仲間であるイトヨの行動で眺めたいと思います。図47は、イトヨの繁殖行動を示しています。

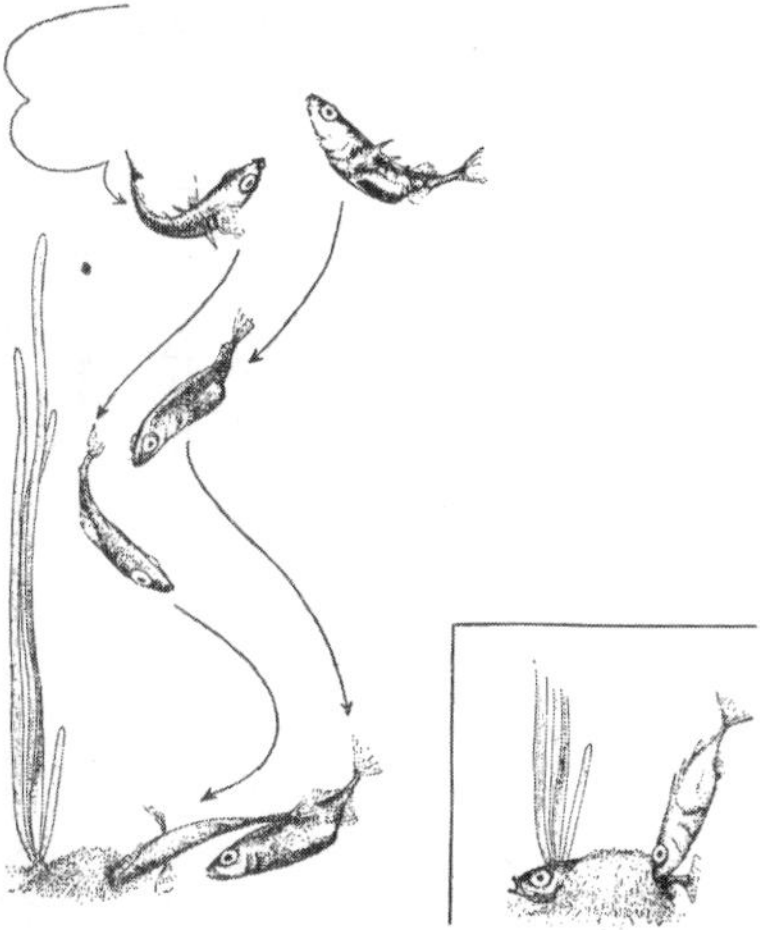

図47　イトヨの繁殖行動
オスはジグザグダンスによってメスを巣へ導く。その後、右の枠内のようにメスへ刺激を与えると産卵が行われ、オスは受精を成功させられる。文献[29]の図からの引用。

先ほど述べたように、繁殖期のオスは、なわばりをつくり、その中に営巣します。営巣を終えたオスは、成熟したメスに対してジグザグダンスで求愛し、巣へメスを誘導します。巣へ導かれたメスは、オスに尾の基部をつつかれるとその刺激に応ずるように産卵します。

このように、イトヨのメスは、巣への進入行動を発現するに当たり、オスのダンスを通して、進入の欲求をじわじわと生じさせます。そして、あるとき、欲求が完全に高まれば、巣への進入行動を発現させることになります。したがって、繁殖を成功させるには、オスはダンスを魅力的に見せる必要があるでしょう。

しかし、それ以前に大事なのは、「気をそがれずにダンスを見てもらうこと」です。それには、自分を見てもメスが必要以上に警戒しないよう、ダンス以外の状況でメスとうまくコミュニケーションを図っておくことが必要です。それは、メスの心を落ち着かせておくことに相当します。

不定さを本質とする相手とのコミュニケーションの図り方に、一定の方法などないでしょう。オスがどのようにメスと付き合っているのか、興味が尽きません。メスの誘引の成功には、ダンスや巣の出来具合が影響を与えますが、未だ必勝法にあたる確かな要因はわかっていません。興味深いことに、むしろ、ダンスとダンスの「間《ま》のとり方」が比較的大きな影響を与えているのではないかという報告がありま す。[31] 間のとり方とは、まさにコミュニケーションの本質です。人間の場合でも、間がとれないと、とても相手に注意を払ってもらうことなどできません。それは話の内容より重要です。

行動を動機づけるための欲求の発現には、余計な欲求の発現を自律的に抑制する心の働きが不可欠です。その働きは、未知の状況における予想外の行動を発現させる原動力として、実験を通して確認されます。すなわち、それは「心の科学」です。動物行動学の偉大な創始者三人は、動機づけの概念を提示することで、後に心の科学が展開されることを期待したのだと、私は信じています。

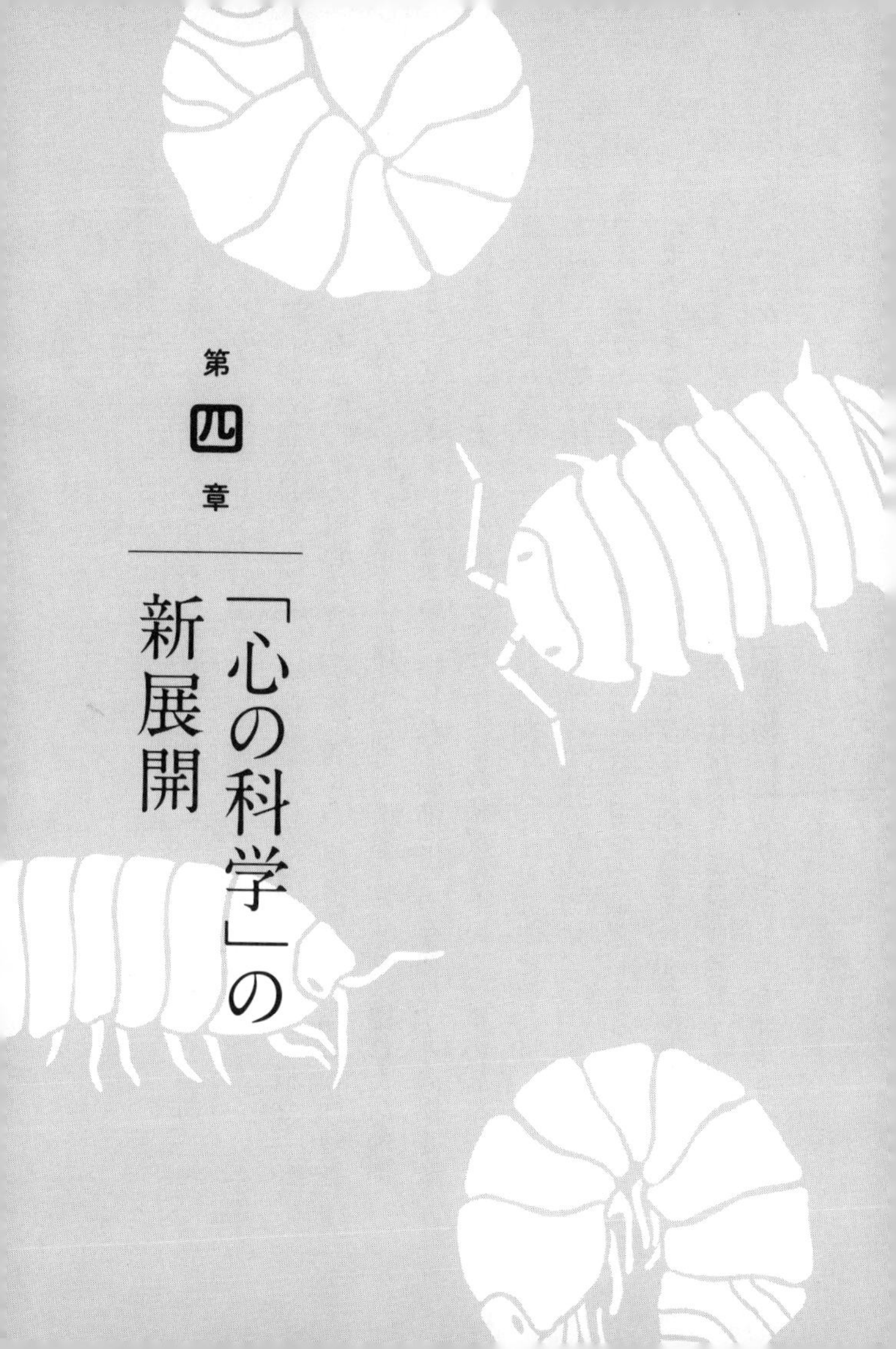

第四章

「心の科学」の新展開

心とは何であったか

この第四章では、心の科学のこれからの展望を述べたいと思います。その前にまず、心の定義とその実体、そしてその働きを再度確認します。

まず、私は、目の前の観察対象「それ」の心を、「内なるそれ」という概念として定義しました。そして、その概念に合う実体として、観察対象が、「ある行動を発現させるとき、余計な行動の発現を自律的に抑制＝潜在させる、隠れた活動部位」を有することに気づきました。その「隠れた活動部位」の存在は、その働きを通してしか確認できません。その働きとは、「未知の状況において、その観察対象が立ち止まってしまわないように、予想外の行動を発現させること」です。そして、心の科学とは、この心の働きを実験的に確認する実践的学問です。

第二章では、このような心の働きを、ダンゴムシの実験で確認しました。たとえば、通路が水で囲まれた環状通路は、個体の生存に有利に働くはずの交替性転向が、水際の歩行という不都合を招くという「未知の状況」として構成されました。その状況において、ダンゴムシは、予想外の「障害物への乗り上がり」を発現させたのでした。

知能の遍在性

ところで、同じく第二章で述べたように、環状通路実験では、この「乗り上がり」がしばしば連続的に発現され、障害物の「伝い行動」となりました。この「伝い行動」は、彼らに「知能」があることを示唆します。なぜなら、障害物は移動の目印という「道具」として使われた可能性があるからです。道具というからには、使用目的があります。その目的とは、「水に極力接しないで歩行すること」、と推測できます。障害物は通路の中央に配置されたので、これを目印として伝い続ければ、通路を囲む水に遭遇しなくて済むからです。

道具の使用で達成される問題解決に代表される「知能」は、発達した大脳を有する動物に備わると考えられています。この考えは、心は脳の進化の（現時点での）最終形態であるヒトの大脳に特有の情報処理機能であること、そして、知能はその情報処理機能の一部であること、これらを前提としています。一方、私の実験では、大脳を持たないダンゴムシにおいて、知能——道具（目印としての障害物）の使用による問題解決（水への接触の回避）――が見いだされました。この事実は、何を可能にするでしょうか。

心を見いだすために設定される「未知の状況」では、「予想外の行動」が発現されます。この「予想外の行動」は、生存に対する有用性がみられないために意味不明です。ダンゴムシにおける「乗り上がり」は、捕食者にみすみす姿をさらすことに相当します。しかし、生を継続させるダンゴムシは、その行動を発現させた以上、有用性がない状態にしておくわけにはいかないでしょう。したがって、ダンゴムシがこの予想外の行動を「新しい有用な行動」として機能させようとするのは自然なことです。

それが「伝い行動」の発現＝「創発」です。これは、「予想外の行動の発現」という自らが起こした問題に対する解決行動です。そして、問題解決は知能の代表的な例です。このように、心の科学において、知能とは、「やってしまったことに対してけりを付ける」ことであり、その発現は自然な帰結となるのです。

心の科学は、心とは言葉であるという、最も当たり前ですが最も見過ごされがちな本質を踏まえ、観察対象の心を「内なるそれ」として定義することから始まり、最終的に、心の働きを「未知の状況における予想外の行動の発現能」として、実験的に引き出します。そして、しばしば、知能がその能力の自然な延長として現前されるのです。

このように、心の科学は、大脳を有しない対象から知能を引き出すことで、大脳を前提とする既存の知能観の枠をとりはらい、「知能の遍在性」を唱えることができるのです。それは、既存の脳科学、知能科学へパラダイムシフトを迫ります。[32]

以下では、ダンゴムシ以外の大脳を持たない動物における知能に関わる研究の紹介を通し、心の科学による「知能の遍在性研究」の可能性を示したいと思います。第二章で述べた通り、ダンゴムシの環状通路実験でも、まだこれから発展研究が控えています。しかし、ダンゴムシだけでは、「遍在性の研究」とは言えません。ここでは、ダンゴムシ以外の動物の研究を紹介したいと思います。

一つは「タコの迷路課題における問題解決」、もう一つは「ミナミコメツキガニにおける社会の形成」です。タコの研究は一段落したのですが、この動物はまだまだいろいろなことをやってくれそうなので、私の中では、まだ進行中の研究です。ミナミコメツキガニの研究は、まだ計画段階です。両者ともに、ダンゴムシの研究と並行して、早く進めたい研究です。

タコとの出会い

以下ではまず、「タコの迷路課題における問題解決」の実験を紹介したいと思います。タコの実験は、修士課程の学生のときに行いました。第一章の冒頭で述べたように、私は学部学生のころは、理学部の化学科に所属していました。その中の、有機金属化学教室で卒業研究を行っていました。研究は充実して毎日楽しく過ごしていたのですが、なぜか同時に、以前から抱いていた「心や意識を研究したい」という思いが頭を離れなくなりました。そして、友人に相談したところ、そういった個人的な研究テーマを自由にさせてくれそうな研究室があったので、修士課程はぜひそこで勉強しようと早々に決めたのでした。

修士課程に進学してしばらくのあいだは、研究をどのように進めたらよいかと悩む日々でした。そして、答えはそう簡単に出ませんでした。そのころから、「心は発達した大脳にのみ宿るという考え方には賛成できない」、という思いを漠然と秘めていました。また、それを示すには、「動物が行動を自分で選択するという様相を実験で提示することが必要なのではないか」、とも考えていました。ただ、それを支える論理を組み立てられず、研究が具体的に進みませんでした。

そして、考え続け、答えも出ないまま半年も経ってしまったころ、もうこれ以上考えても埒《らち》が明かない、まずは何でもよいから実験をしようと思い、ゼミ室を訪れました。すると、今でも共同研究を続けている同級生が、「タコっておもしろそうだなあ」といった感じのことを話していました。私は、これもきっかけだと思い、タコの研究をしたいと申し出ました。

幸い、淡路島に大学の臨海実験所があったので、そこで実験をすることにしました。初めて実験所を訪れたのは一九九一年の晩秋でした。二人で「タコを飼いたいのですが……」、といきなり訪れたものですから、所長さんは少々当惑していました。しかし、私たちの意欲を受け止めていただき、専用の部屋と大型水槽などの設備を快く貸してくださいました。

実験所では別の同級生が、海藻の研究をしていました。彼は実験所の敷地内の宿泊施設に住み込んで、熱心に研究に取り組んでいました。私は、週に三日彼の家に泊めてもらいながら、実験を続けました。

実験を続けられたのは、島での生活が楽しかったからにほかなりません。すなわち、実験者の「動機づけ」がまず大事なのです。なかでも、地元の新鮮な魚介を格安でたらふく食べられたことが幸せでした。実験所のあたりは漁師町で、昼になると、漁師の奥さん方が、売れ残った魚を路地のあちこちで安く売っていました。友人と私は、昼になると、昼食を買いがてら、夕食のために安くて新鮮な魚介を買いました。夏は刺身、冬は鍋を楽しみました。

それまで料理などできなかった私も、技官の方々に包丁の使い方を教えていただき、大きなタイを三枚に、カレイやヒラメを五枚におろせるようになりました。地元のおばさんたちに教えられ、ドロドバという魚の干物を作ったこともありました。

タコの分類と生態

そんなわけで、タコの研究が始まりました。一口にタコと言ってもさまざまな種類があります。たとえば、淡路島では、タコといえば瀬戸内で採れるマダコでしたが、研究者としての初めての就職先であった公立はこだて未来大学のある函館では、タコといえばミズダコでした。マダコの体長はせいぜい50センチメートル程度ですが、ミズダコは2メートル以上あります。

当時の私が用いたのは、学習の研究が最も進んでいたマダコでした（図48）。マダコは、頭足類のタコ目に属します。学名は *Octopus vulgaris* です。世界中の比較的暖かい海の岩礁やサンゴ礁に生息しています。

「海の忍者」として知られる通り、皮膚の色や凹凸の具合を周囲の岩や砂地の表面そっくりに合わせることができるので、見つけるのは難しいです。運よく見つけられても、捕まえようとすると、体色を目まぐるしく変えながら素早く移動してこちらの目をくらまし、手の届かない岩陰へ逃げ込みます。また、墨を吐いて素早く泳いで逃げるこ

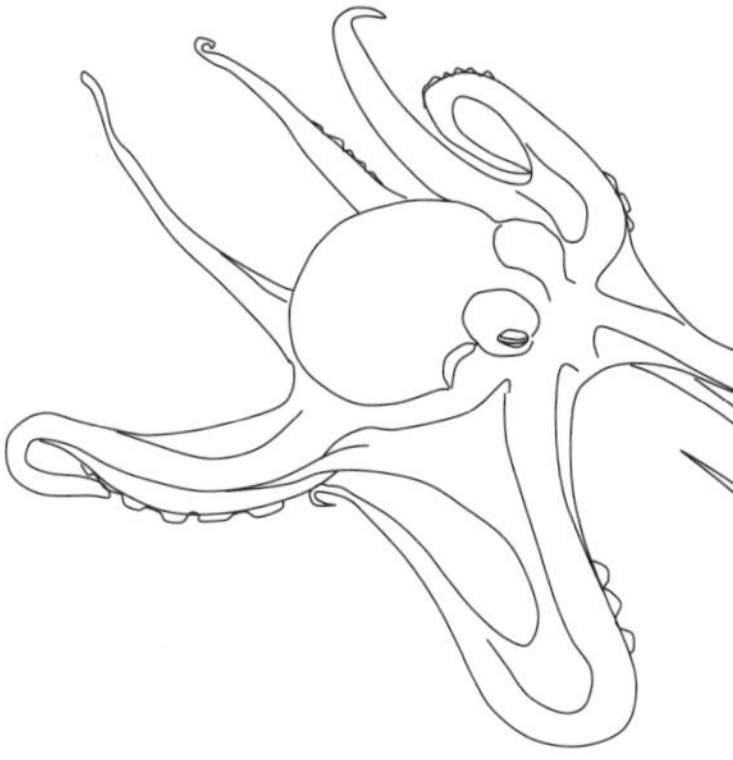

図48　マダコ

ともあります。

食べ物はカニや貝です。八本の腕で獲物を抱え込み、「カラストンビ」といわれる硬い口で甲羅や貝殻をうまく剝がして中の肉を食べるので、食べ終わった後には、空になった甲羅がきれいな標本のように残されます。

大きな目で物体の形や明暗の違い、距離の把握などが可能です。これらの能力は、彼らの高い学習能力[33]を利用することで明らかになりました。たとえば、タコの個体に黒い板と白い板を並べて見せ、黒いほうをつかめばエサを与えるようにすると、数日で、黒いほうのみをつかむようになります。また、同様の方法で、腕の触覚で物体の形を弁別する能力も確かめられています。

エサをせがむタコ

実験には、体長20センチ程度の若い個体を用いました。それらは、近所の漁師の方が、ご厚意で無料にて分けてくれました。そのような大切な個体であるにもかかわらず、飼育を始めたころは、幾度か飼育水槽から脱走されてしまいました。それは、私とタコとの「付き合いの浅さ」が原因でした。

脱走は、私たちの姿が見えなくなる夜間に行われました。個体は、翌朝、すのこの下で干からびた死体となって発見されるのが落ちでした。水槽はネットで覆っていたのですが、水面から20センチほど水槽の壁面を這い上がり、ネットと水槽の隙間から抜け出したのです。そこで、ネットにおもりをつけ、ネットがそう簡単には持ち上がらないようにしました。それでも、タコは水槽とネットとのわずかな隙間に体を入れ、無理やり体を通して脱走しました。そこで、まずは脱走防止のフタを作ることから実験は始まりました。それが、タコとの本格的な「付き合い」の始まりでした。

まず、水槽の口と同じ大きさの木枠を作り、枠内にネットを張りました。この木枠つきネットの木枠部分を水槽の口に載せ、木枠の上にいくつもおもりを載せました。こうすると、木枠はネットのように柔軟性がないため、さすがのタコもおもりの載せられた木枠と水槽の間には隙間を作れず、逃げ出すことはできませんでした。

飼育水槽には石を敷き詰め、隠れ家として塩ビパイプを入れました。一匹、あるいは二匹の個体が一つの水槽で飼われました。エサは殻をむいた小型のエビでした。投入するとよく食べ、ストレスによる食欲の減退などは見られませんでした。

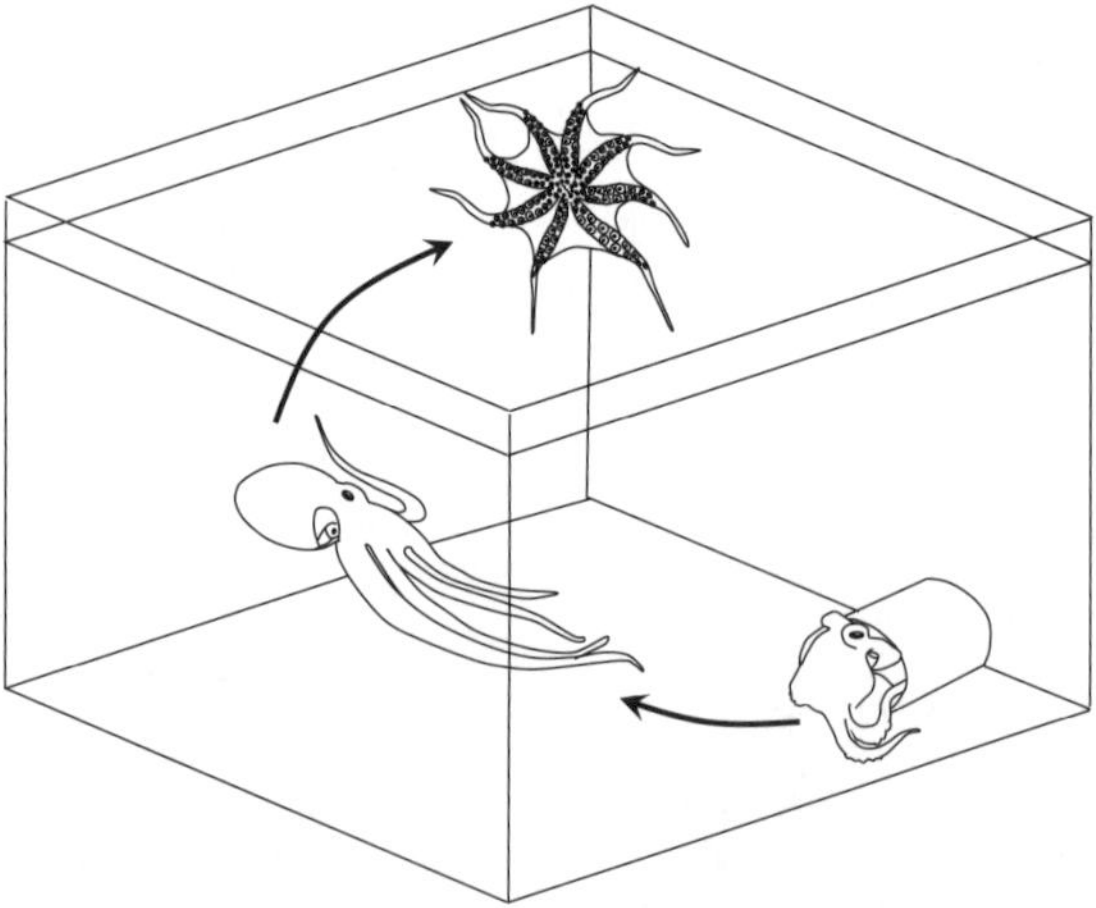

図49　エサをせがむタコ
実験者がいることに気づくと、パイプの入り口から外をうかがったのち泳いで水面へ向かい、カラストンビ（口）を上へ向けて腕をいっぱいに広げ、それらをゆらゆらと揺らした。

それどころか、十日ほどすると、私が水槽を覗き込むと、水面へ上がってきて、普段目にすることがないカラストンビを上に向けて腕を広げてゆらゆらと揺らし、さらにエサをくれと言わんばかりに一番長い腕を大きく揺らしたり、それで水面を叩いたりする個体がしばしば現れました（図49）。

この行動は、普段岩陰に身を潜め、「隠遁者」と言われるこの動物のものとは到底思えませんでした。私の姿が水面上に現れるとエサが投入されることを学んだタコは、私の姿を見ると、大胆にも、水面まで上がってみたのでしょう。ただ、その危険な行動で、エサの投入量が増えるなどの有用な出来事が生じたわけではありません。そこで、その辻褄を合わせるべく、タコは腕を振ってみたのではないかと思います。当時の私は、この行動だけで、タコは人間並みの知能を持つと確信しました。

飼育はうまくいったものの、海水汲み上げポンプの故障や海水の濁りなどさまざまなトラブルがありました。しかし、実験所の皆さんがそのつど力を貸してくださったおかげでトラブルは解消され、翌年の春から具体的な実験を始めることができました。

迷路でのタコの行動

飼育していて明らかだったのは、タコから離れたところにエサを糸でつるすと、すぐさまスイッと滑らかに泳いで来て、それに食らいつくことでした。これに対し、糸の付いたゴムホースをつるしたときは、底を歩いてゆっくりとそれへ近寄り、最後につかみかかりました。

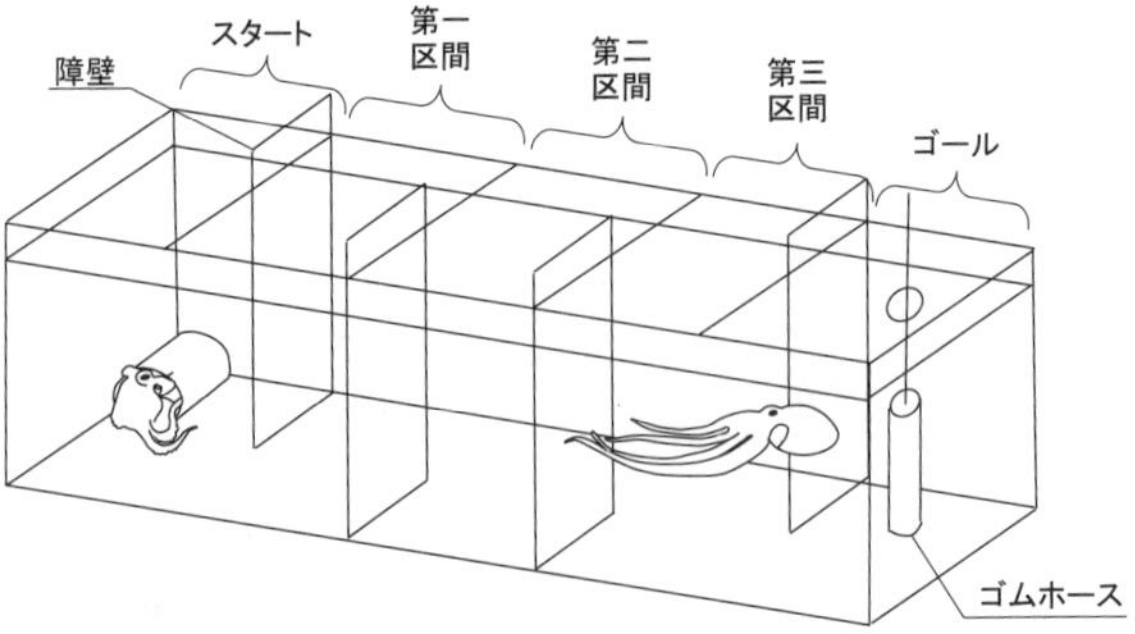

図50　迷路を進むタコ
図は泳ぎの様子。多くの場合、図のように、胴部をゴールへ向け、腕をそろえてまっすぐに泳ぐ。

そこで、ゴムホースをつるしたとき、エサが提示されたときのように滑らかに泳いで来てそれをつかんだときには、エサを与えるようにしました。すると、多くは十日以内に、最長のものでも二十日で、ゴムホースにも滑らかに泳いで向かって来るようになりました。このように、タコにおいて、ゴムホースに対する古典的条件づけが成立しました。この条件づけは、有名なパブロフの犬の条件づけと同じ原理です。

続いて、迷路実験用の水槽が用意されました。迷路は、直方体の水槽内に四枚の透明な仕切り板を等間隔で置くことで構成されました（図50）。結果として、水槽は大きさの等しい五つの「区間」に分けられました。そのうち、両端の区間がそれぞれスタートとゴールとされました。スタートとゴールに挟まれた三つの区間を、それぞれ、スタート側から第一、第二、第三区間と呼びました。

各試行では、実験個体がスタート位置に投入された直後、ゴールにゴムホースが投入され、個体がゴールに達するまでの様子がビデオテープに記録されました。各個体に対し一日二十試行が行われ、二日半にわたり、計五十試行が行われました。

ゴムホースが入れられると、個体は経路を覚えてゴールへ向かうというよりは、板にぶつかりながら、見えているホースへ夢中で泳いで到達しようとしました（同図）。迷路の各区間でどのような行動が現れるかを観察したところ、実験当初は底を歩いたり水中を泳いだりするものの、一日半もすると、ほとんどの区間を「泳ぐ」ことがわかりました。

予想外の「歩き」の発現

タコは一日半のうちに、効率よくエサを得るために「泳ぎ」を特定行動として発現させ、移動速度の遅い「歩き」を含む他の可能な行動の発現を抑制することを学

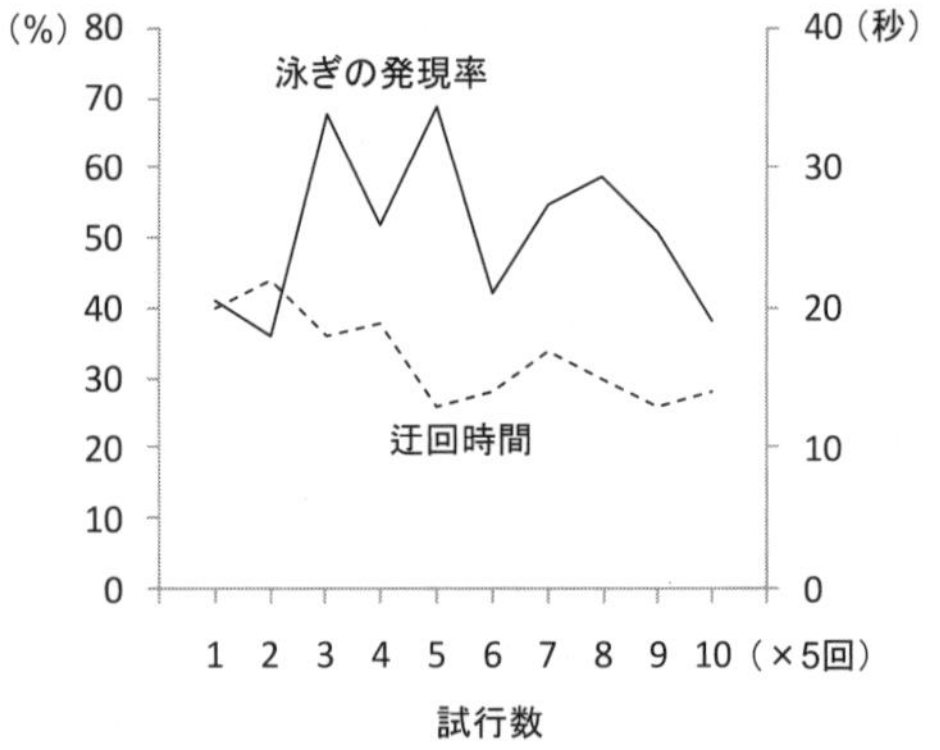

図51　壁が透明な迷路での泳ぎの平均発現率と第四障壁の平均迂回時間

ある個体の実験結果。左側の縦軸は発現率、右は迂回時間。

習したと考えられます。図51は典型的な学習の例です。この個体は、実験当初は、各区間で泳ぎを40%程度しか発現していませんでしたが、試行を重ねるにつれ発現率は上昇し、70%にまで至りました。また、すべての障壁を不透明な白色にした迷路での個体は、当初泳ぎを10%しか発現しませんでした。これは、やはり目標であるゴムホースが見えなかったからでしょう。しかし、試行を重ねると、発現率は80%にも達しました。

ところが、泳ぎが最も高確率で発現した試行を境に、その泳ぎの発現率が、増減を繰り返しながらも次第に減少し、最後には実験当初と同程度の低い発現率になりました（図51）。この結果は、学習の過程で淘汰されたはずの「歩き」が再び発現したことを意味します。「どうしてなのか」。そう思った矢先、私は逆に、「しめた」、と思いました。なぜなら、タコは、勝手に「予想外の行動」を発現してくれたからです。

タコの目的が「効率よくエサを獲得すること」ならば、実験後半での「歩き」の増加は「意味不明」です。実験前半で「泳ぎ」が高確率で発現されているとき、タコの心は、「歩き」を抑制していたはずです。後半でその「歩き」が発現されたのは、タコの心の働きの現前である可能性があります。すなわち、タコの心が実験環境を「未知の状況」として捉えた可能性があります。

「泳ぎ」を発現させてゴールへ達するまでの間、彼らの体は、障壁へぶつかることで、それなりのダメージを受けていたはずです。その違和感を、心は察知したのだと思います。素早く移動することで増えてしまう体へのダメージ。この「未知の状況」に対して、心は抑制＝潜在させた「歩き」を発現させたのでしょう。

タコの問題解決

この予想外の「歩き」の発現に加え、興味深い現象が見られました。移動速度の遅い「歩き」の発現率は実験の後半で高くなったのですが、それに合わせるように、ゴムホース直前の四枚目の障壁（第四障壁）を迂回する時間が、実験の後半では大きく減少していたのです（図51）。この現象は、四枚ある障壁のうち、なぜか第四障壁の迂回時間においてのみ観察されました。

タコたちは、「歩きを増加させてしまったことで、ゴールへの到達時間が、泳ぎを高頻度で発現させていたときに比べ増加していることに気づき、それを相殺するために障壁を素早く迂回するようになった」のでしょうか。もしそうならば、タコには、自身に生じた問題（移動時間の増加）の認識とその解決能力（障壁迂回時間の短縮）があると言えます。

ただ、この迂回時間の減少は、「歩き」の増加とは無関係の現象である可能性もありました。すなわち、迂回時間を減少させる別の学習が、「歩き」の増加とは関係なく、並行して進行していたかもしれません。そこで、両者が関係していることを示すために、次のような実験を行いました。

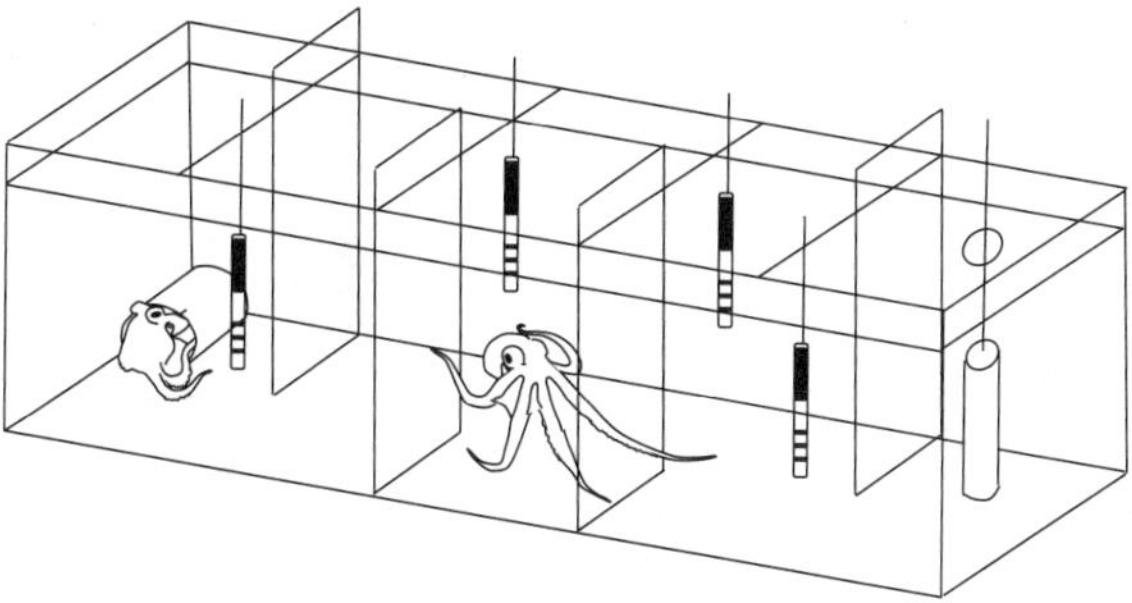

図52　障害物の置かれた迷路
図のように、黒の縞の入った細長い障害物が、泳ぎをさえぎるように配置された。図の個体は歩いて移動している。

これまでの実験の記録映像をよく観察すると、泳ぎは水深の浅いところで生じていることがわかりました。そこで、迷路の形は同じままで、水深の浅い領域に細長い障害物を配置しました（図52）。この条件でも、タコはもちろん泳ぎを発現させましたが、体には障害物が当たるため、衝撃に伴う違和感が常に生じたはずです。

障害物の配置数は、個体によって、ゼロ（先ほどの迷路と同条件）から四個までさまざまに変えられました（同図）。すると、「歩き」の一区間あたりの平均発現率が、障害物の数が多いほど高かったのです。障害物があると、やはり泳ぎはしにくくなり、その数が四個の場合、ほとんど歩くしかあ

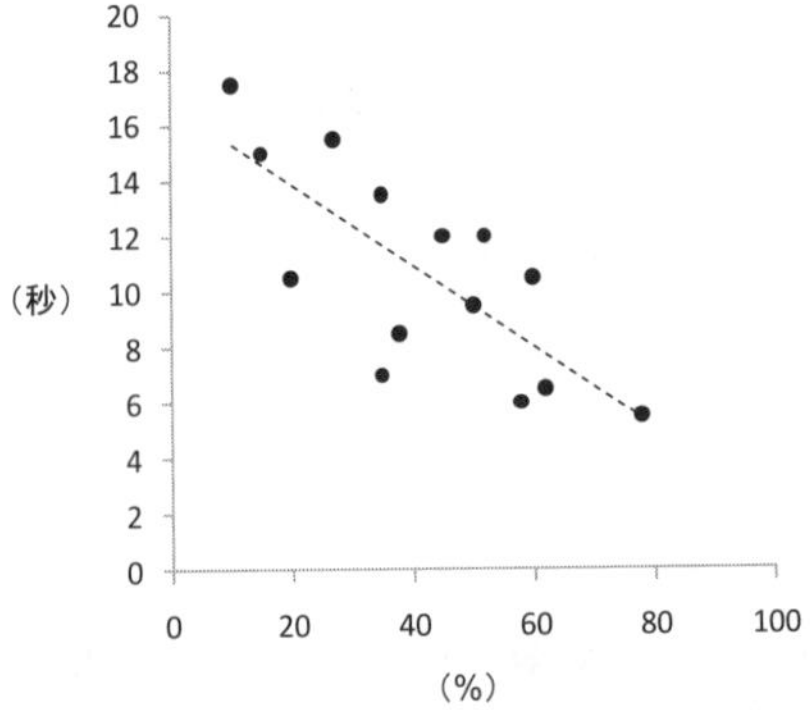

図53　「歩き」の増加と迂回時間の減少
　個体ごとの実験結果。横軸が歩きの平均発現率、縦軸が平均迂回時間。点線はプロットの傾向を示すための近似直線。明らかに右肩下がりになっている。

りませんでした。そして、興味深いことに、障害物が多く配置され、「歩き」の発現率が高かった個体ほど、第四障壁の平均迂回時間が短かったのです（図53）。この結果は、「歩き」の増加と迂回時間の減少は確かに関係していることを示しています。

　効率よく泳ぐと体にダメージを受けてしまうという「未知の状況」において、「歩き」を増加させてしまったタコは、泳ぎの発現頻度が高かったときのゴールへの到達時間に比べ、現在の到達時間が増加していることに気づき、それを相殺するために素早く迂回するようになったようです。すなわち、「やってしまったことに対してけりを付けた」のです。このような、問題の認識とその解決能力は、知能と言わざるを得ないでしょう。

淡路島で行われたこの研究の成果は、動物行動学の分野で著名な国際誌上で公表することができました。[34] しかし、この実験自体、まだ再検討の必要な項目があります。また、この実験はタコの知能の一部を示したにすぎません。私が研究をしているころ、タコの「観察学習」が報告されました。[35] 別のタコが学習の訓練をしている様子を見たことのあるタコは、そのような経験をしなかったタコに比べ、より早く学習を達成できたというのです。

今後、心の科学の手法によって、タコの新たな知能を引き出したいと思います。ただし、心の科学の手法では、未知の状況に対する予想外の行動を予測できないので、どんな知能が現れるかは、やってみないとわかりません。しかし、それこそが実験の醍醐味というものです。タコには、実験を仕組んでみたくなる何かがまだ潜んでいるのです。

ミナミコメツキガニとの出会い

次に、「ミナミコメツキガニにおける社会の形成」の実験案を紹介します。「案」

と書いた通り、この実験はまだ準備中ですが、この動物の行動は大変興味深いので、あえて紹介したいと思います。

私が最初にこの動物を見たのは二〇〇二年の六月でした。別のカニの観察のために友人と西表島《いりおもて》を訪れ、時間が空いて散歩している途中、大きなマングローブ林が広がる河の干潟へ、何とはなしに降りてみたのです。

そして歩きだすと、十数メートル先の汀線《ていせん》沿いの砂地がみるみるうちになくなって、形が変わっていったのでした。私たちが歩みを進めると、砂地の変形もどんどん進んでいったのです。私たちは最初、何事かと目を見張って立ち止まりましたが、うごめく何ものかを確かめようと、前方の汀線へ走って行きました。すると、見たことのない、薄青色をした丸っこい小さなカニが無数に群れ、そして必死に体を砂地へねじ込んでいたのでした。その光景を見て、私は迷わず、いつかこのカニの研究をしようと思いました。

ミナミコメツキガニの分類と生態

ミナミコメツキガニ（図54）は、甲殻類の短尾下目に属する、いわゆるカニの仲

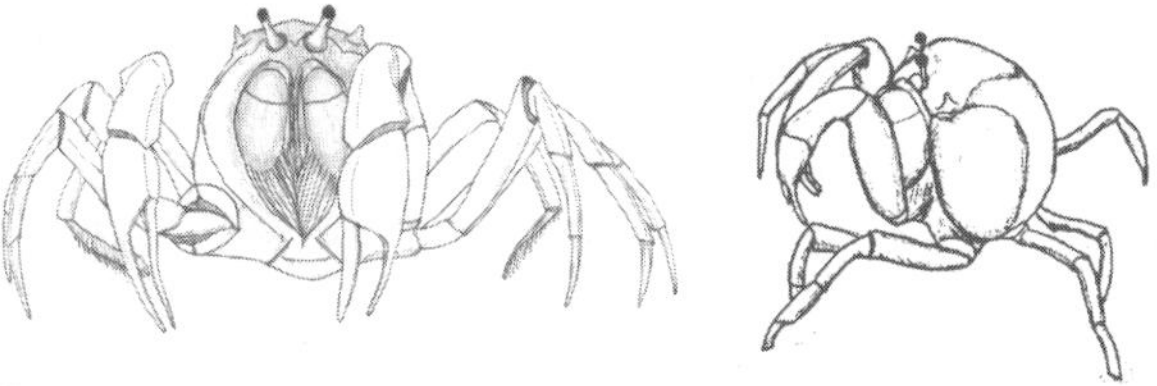

図54　ミナミコメツキガニ
前から見た様子（左）、横から見た様子（右）。

間です。日本に生息する種の学名は *Mictyris guinotae* です。種子島以南の島々における、汚染の進んでいない河口の干潟で見られます。国外では、中国沿岸、東南アジアからオーストラリアに四種が分布しています。私は、西表島のマングローブ林に隣接する干潟にて、これまで数回観察を行いました。

このカニの甲羅は青みがかった球状で、甲長は成体でも十数ミリ程度です。カニの歩行といえば横歩きですが、ミナミコメツキガニは前向きに歩きます。そのためか、同じ干潟に生息するスナガニやシオマネキのように速く移動することができません。その代わり、私たちが近づくと、あっという間に体を砂地へねじ込んで身を隠してしまいます。

満潮時には砂地の奥底に小さな部屋を作って身を潜めていますが、干潮になると地上へ這い出てきて摂食活動をします。鋏脚《はさみあし》で砂をせっせと口へ運び、微生物や有機物を濾《こ》しとり、小さな砂団子を落としながら放浪します。

個体は水に深くは入らないので、次第に汀線の手前に集まって、干潟では数千に及ぶ大集団が作られます。この集団の様子は、昔の論文で「カニのカーペット」と表現されていました。[36] とてもぴったりとくる、うまい表現です。そして、しばしばその集団が足並みをそろえて放浪します。その様子は軍隊の行進のようなので、このカニは「兵隊ガニ（soldier crab）」と呼ばれています。その後集団は自然に解散し、各個体は潮が満ちるまでに砂の奥底へ身を潜めてしまいます。

予想外の迷走者と小集団

次に西表島を訪れたのは、二〇〇八年の六月でした。初めのうちは、たくさんの「カーペット」を走って追い立てては、ミナミコメツキガニが慌てて潜る様子をおもしろがって見ていました。しかし、そのうち、潜らないでしばらく走って逃げる「迷走者」がいることに気づきました。加えて興味深かったのは、五から十四匹程度の「小集団」がポツリと残り、しばらく放浪することがあったことです[37]（図55）。

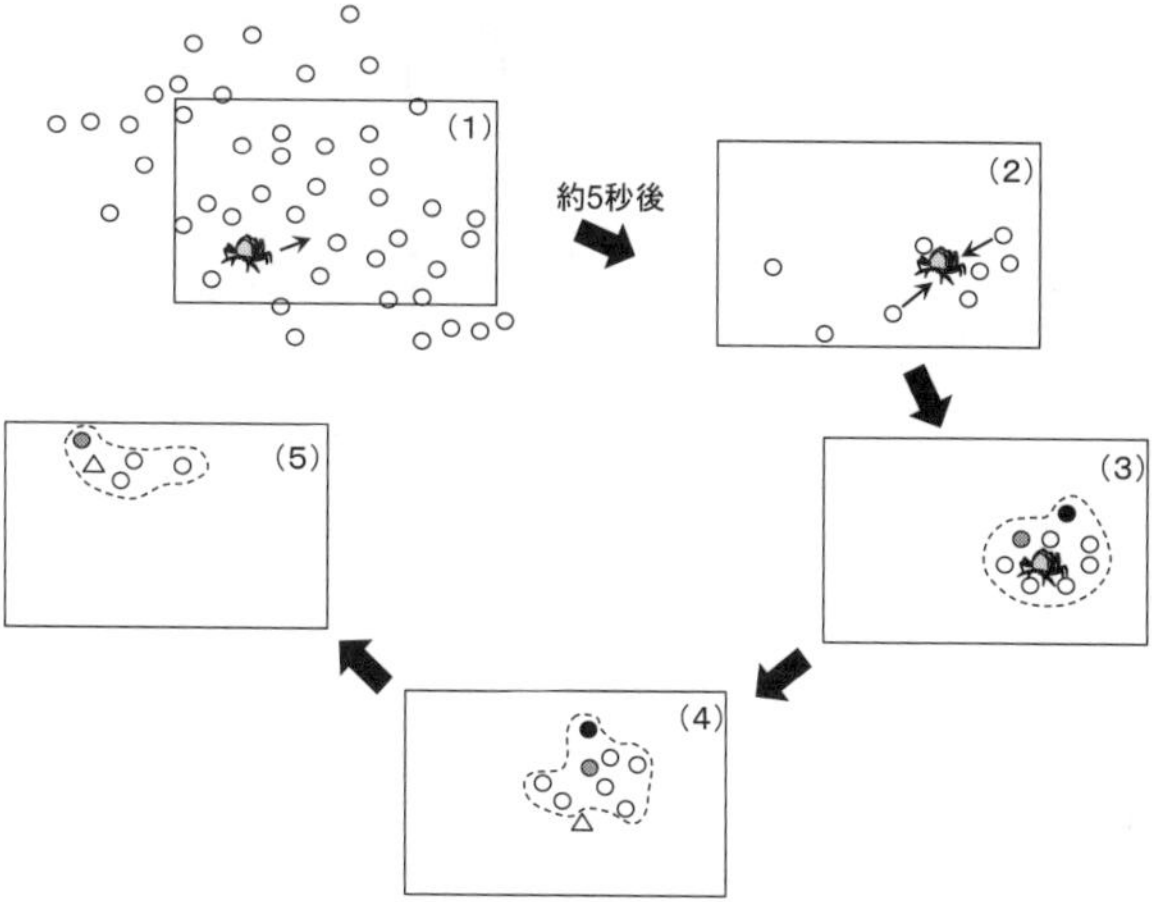

図55　小集団の形成と放浪
（1）は大集団。大型個体以外は丸で表わされている。四角い枠は観察範囲。矢印は、実験者の接近に対する大型個体の移動方向。以降、約5秒ごとの観察結果を示す。（2）はじわじわと集まる個体の様子。（3）は大型個体を取り囲むように形成された小集団。黒および灰色は後に先導者となる。（4）は大型個体が潜ってしまい、黒丸が新たな先導者となった様子。集団は左上方へ移動。三角は潜りかけていたのを止めて群れへ合流した個体。（5）は黒丸が潜り、灰色が次の先導者となって群れを率いる様子。

小集団の中には、たいてい比較的大型の個体が一匹います。しかし、それが集団を常に先導するというわけではありませんでした。先導者はしばしば替わり、あたかもローテーションしているかのようでした。また、皆が互いの動きをうかがいながら放浪しているようでした。たとえば、放浪途中で砂に潜ってしまう個体もいましたが、頭がほとんど隠れるまで潜るものの、なぜかまた出てきて、慌てて小集団に付いていく個体もいました。このような個体は、まちがいなく小集団の動きをうかがっていたと言えるでしょう（同図）。

これら「迷走者」や「小集団」は、周囲の大多数の個体が慌てて砂に潜って身を隠すにもかかわらず、そうしないことから、「予想外の存在」として目を引きました。即座に砂に潜ったミナミコメツキガニは、近づく私たちの姿や足音を、捕食者の接近として捉えたでしょう。砂に潜ることは、捕食者からの逃避という適応的な行動として成立します。これに対し、「迷走者」や「小集団」の行動は、自分たちを目立たせ、自らを捕食者の標的としてしまう、まさに「予想外の行動」です。

これら「予想外の行動」を発現した個体は、摂食活動にあまりにも没頭してしまい、私たちが近づいたことや他の個体が慌てて潜ったことに気がつかず取り残されたのだと思います。そして、近くの仲間が突如いなくなるという「未知の状況」に気づくと、どうしようもなくなって、走りだしたり、残された仲間ととりあえずつるんで移動したりといった、「予想外の行動」を発現させたのでしょう。小集団の場合、なぜ数匹が同時に取り残されてしまうのかは疑問ですが、おそらく、集団に含まれる最も大きな個体の動きを、その近傍の個体は、摂食しながらも常にうかがっているからだと思います。したがって、大型個体が取り残されると、それら近傍個体も同時に取り残されるのでしょう。ただし、先述の通り、大型個体が集団を統率しているわけではありませんでした。

ミナミコメツキガニは社会を作るか

たまたま取り残された個体による「迷走」の発現は、ミナミコメツキガニが、適応という基準ではなく、自身の基準で、すなわち行動を自律的に選択できる能力を持つことを示唆します。また「小集団での放浪」の発現は、各個体が、周囲の個体の行動を参考にして自分の行動を選択できる能力を持つことを示唆します。すなわち、ミナミコメツキガニは、「独立」と「協調」双方の能力を持つのです。また、

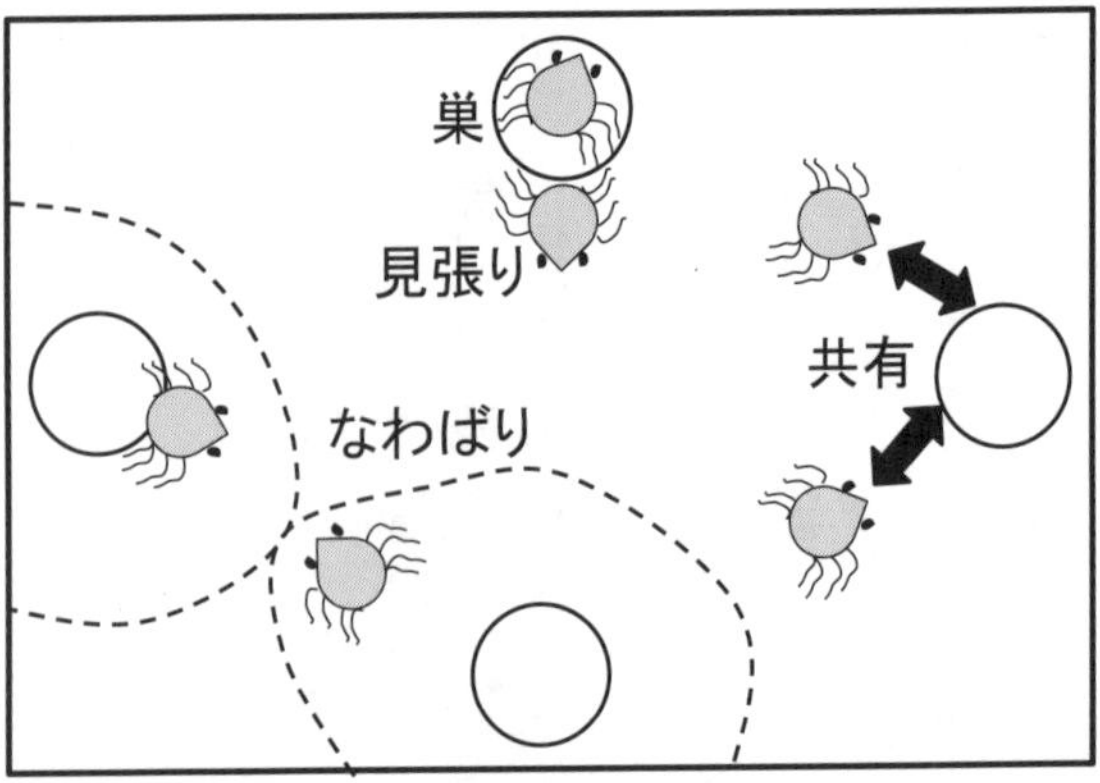

図56　社会性を引き出す実験計画
実験アリーナを上から見た図。底面は、スポンジのような潜れない材質。丸は底面に空けられた人工的な穴。

これらの能力は、取り残されるという状況で顕著に発揮されるようです。
心の科学の文脈では、迷走や小集団での放浪という予想外の行動は、ミナミコメツキガニの心が、取り残されるという未知の状況において発現させたと説明されます。では、この取り残されるという状況が長く続くと、彼らの行動はどのように変化するでしょうか。ダンゴムシが「伝い行動」を、また、タコが「迷路障壁の迂回時間の短縮」を達成したように、ミナミコメツキガニでも、知能を示唆する行動が現れることが期待されます。

そこで、次のような実験を計画しています。実験装置は今回も単純です。ミナミコメツキガニ数個体から十数個体を、適度な広さのアリーナに放置するだけです。ただし、床を彼らが潜れない素材にします。そして、個体の数より少ない人工の穴を設けるのです（図56）。このようにして、取り残された状況を継続させ、個体の行動を観察しようと思っています。

「独立」と「協調」の能力を有するこの動物では、たとえば、特定の穴を占有しなわばりを作る、特定の穴を数匹で共有する、巣としてつがいで使うといった、「社会構造」が現れるのではないかとひそかに期待しています（同図）。また、穴だけでなく、地下に人工のトンネルを設けて、それをいかに共有するかを見るのもよいと思います。ミナミコメツキガニは、そもそも縦穴を掘って身を潜め、地上付近に横穴を掘って身を隠しながら採餌します。[38] しかし、アリのように巣を造って共同生活をすることはありません。「独立」と「協調」の能力を潜在させるミナミコメツキガニは、自分で穴を掘れない地面にトンネルがあるという特異な状況では、その能力を開花させ、人エトンネル内で共同生活を始めるのではないでしょうか。

これらの実験を実施するには、このような状況で数日間生存できる条件を考えなくてはいけませんが、それはそれでまた楽しみな課題です。何といっても、彼らの生息する南の島に長期滞在しなくては、長期飼育実験などできないのですから。

ミナミコメツキガニの集団で社会構造が現れたとき、それは人間や猿の社会とどれくらい似るでしょうか。そのとき、私たちは「社会」という概念を見直さなければならないでしょうか。現在、ミナミコメツキガニがロボットと一緒に社会を作るかどうかを調べる共同研究も、進みつつあります[39]。今から期待がふくらみます。

待つ科学

心の科学は、大脳の特徴とされる心や知能を、大脳を持たない、一般的に下等といわれる動物において見いだす方法論を提示できそうです。それは、知能の遍在性を主張することです。ただ、私が主張したいのは、何も、「知能が万物に見いだされるかぎり、大脳を持つ人間はもはや万物の霊長とは言えない。私たちは、あらゆるものを平等に扱わなくてはならない」といった、安易な一元論的なものの見方、あるいは、行き過ぎた平等主義では、決してありません。

私が、あえて何か主張するとすれば、それは、知能を導き出す「心の科学」は「待つ科学」であり、待つ科学は、あってもよいのかもしれないということです。

心の科学では、観察対象に「未知の状況」を与えます。これは、多くの場合、対象の持つ適応的行動が、適応的に機能しない状況になっていますので、対象にはある程度負荷がかかります。ただ、その目的は、もちろん対象を再起不能にさせるためでも、どの程度負荷に耐えられるかを見るためでもありません。そうではなく、対象がその負荷を「使って」、予想外の行動を発現させられることを示すことが目的です。

実験の間、私たち観察者は、「予想外の行動」が発現するのをひたすら「待つ」ことになります。ただ、それは「待ちぼうけ」ではなく、前述のように、相手の意外な一面を引き出すために、こちらから少し働きかけて、そして待つという態度です。

このように、「待つ科学」は、相手を傷つけることは決してしないことを前提とします。それには、繰り返し述べてきたように「付き合い」が重要なのです。どんな条件で相手が傷ついてしまうかは、普段の付き合いの中でしかわかりません。ここでも、気長な付き合いという、「待ち」が必要です。

相手に潜む見えない能力、すなわち「心による、余計な行動の抑制＝潜在化」は、このように、「働きかけて、待つ」ことで明らかになります。このような「待つ」態度は、「悠長」で「贅沢」のように見えますが、やってみるとそうでもありません。いつ結果が出るかわからない実験は、研究者にとって、死活問題です。研究者の仕事は、結果を論文として公表することであり、著名な科学誌に何本論文を載せられたかで評価されるからです。

しかし、研究者が、待つという形で苦しむことなしに、観察対象における「予想外の行動」の発見はあり得ないと思います。それは、観察対象とともに予想外の行動の産みの苦しみを共有するということです。私は何も、ここで「根性論」を展開したいのではありません。そうではなく、ただ、実験の結果を得るには、実際に「待ちの苦しみ」が必要なのです。それの有無によって、観察対象の行動に対する注意の払い方が変わります。もし、待つことによる、対象における産みの苦しみの共有がなければ、私たちは、予想外の行動の出現に気づくことはないでしょう。より具体的に言えば、実験結果をビデオで詳細に観察するとき、予想外の行動を見逃す、ということです。

結び――心の科学と社会

心の科学とは、「働きかけ、そして待つこと」で成立する科学です。「そんな悠長なことを言っていられるのは、のんきな研究者だけ」と言われるかもしれません。確かに、「出したメールは読まれて当然」との考えが前提となってしまった情報化社会では、待つことは許容されないかもしれません。待ちをなくす態度は、効率のよい人間関係を築いたかもしれません。しかし一方で、世知辛い人間関係を作ったことも事実だと思います。

私は、研究者こそ、「そんな悠長なことを言うのが義務だ」、と言っても過言ではないと思います。幸い、内紛などの大きなもめごととは無縁なこの日本において、研究者が「待って、相手の出方を促す」、すなわち「相手の自由な出方を認める」ことを否定し、人間関係を世知辛くすることによって、自由に振る舞える社会を自滅させるのは、恥ずかしいことではないでしょうか。

相手に働きかけ、待ってみる。そのような当たり前の態度は、相手の不可解な行動も、そして音信不通も、心の働きだと思わせてくれます。そして、新たな働きかけが生まれます。心の科学の成果は、そのように世界の見方を変えるきっかけを与え、社会を世知辛さから解放する手助けをすることができると思います。

とはいえ、心の科学の実践は、やはり一か八かの要素を含みます。しかし、多分、何とかなると思っています。

あとがき

観察対象と付き合うことが大切であると説いてきた私ですが、実は人やモノとの付き合いは下手で、まだまだ修行中の身です。人付き合いの下手さについて言うと暗い話になるので、モノとの付き合いについて書くと、たとえばサランラップとは全くうまくいきません。最近のサランラップは特に良くできていて、箱のどこをどの指で押さえればうまく切れるかが丁寧に記されています。また、巻き返り防止構造も付いています。それなのに、私は、三回に一度は失敗します。箱から中身が飛び出したり、半分切れた状態で巻き返ってしまって、再びめくりあげるのに三十分もかかったりします。それでもまだましになったほうで、青春時代は、本当に、人やモノの少ないところで、「一人で暮らしたい」と思ったものでした。

しかし、いつも頭を悩ませたのは、たとえ人里離れたところで田畑を耕して暮らしても、その土は私の外側である自然から与えられたモノで、決して一人では生きられないと痛感してしまうことでした。逆に、都会のマンションに籠っても、その部屋は建設業者が作ったモノです。「一人になりたい」というつぶやきに使われる言葉は、人との関わりで学んだモノです。結局のところ私は、一人で生きたいと思っても、人とモノとの関わりから完全には逃れられないと納得するしかなかったのです。

こんな堂々めぐりが、私に転機を与えてくれました。一人で生きていたいと思えば思うほど、大きくなる人やモノの存在感。それに圧倒されること自体が、何だか無根拠に痛快だ。そんな気分になったころ、突然と「心の研究をしよう」という発想がストンと心に落ちたのです。一見関係のないことのようですが、そうした気持ちにならなければ、心の研究に進まなかったのではないかと思うのです。そういう心境になれたのは、大学院で大いに悩む時間をくださり指導していただいた郡司幸夫さん（現・神戸大学教授）、そして、修士課程、博士課程への再進学など、人生のさまざまな岐路において、私を勇気づけてくださった伊東敬祐さん（神戸大学名誉教授・公立はこだて未来大学初代学長）のおかげです。

「ダンゴムシ」、「心」という言葉を、初めて、しかも新聞という場で並べられたのは、朝日新聞社の田之畑仁さんです。彼が私を取材してくれなければ、本書はありませんでした。

その記事をきっかけに、無名の私に執筆の機会を与え、常に励ましてくださったコーエン企画の江渕眞人さんに、厚くお礼を申し上げます。

そして、出版まで大変丁寧にお力添えいただいた、ＰＨＰ研究所新書出版部の水野寛さん、横田紀彦さんに心より感謝いたします。

森山　徹

二〇一一年二月立春

文庫版あとがき

ダンゴムシの交替性転向反応に関する研究は現在でも進められています。明治大学森岡研究室の正角隆治さん（現某メーカー社員）が開発した「自動式」多重T字迷路装置によって、ダンゴムシに２０００回ほど連続してT字路を与えることができるようになりました（私が作った手動式の場合、がんばっても２００回ほど）。昨年、本研究室の内海英夏くん（現京都電子工業社員）は、この装置を改良し、交差点間の距離を32㎝と大幅に増やしても、１０００回ほど連続してT字路を与えると、相変わらず「まじめタイプ」「誤動作タイプ」そして「気まぐれタイプ」が現れることを確認しました。交差点間の距離が16㎝でダンゴムシは交替性転向反応をほぼ示さなくなることが知られていますので（40㎝ほどなど、諸説ありますが）、その倍の32㎝ではもちろんこの反応は見られないだろうと予想していました。にもかかわらず、の結果でした。相変わらず、彼らは予想外の行動を私たちに示してくれます。この実験結果は、ダンゴムシはなぜ左右交互に曲がるのか、という問いをあらためて私たちに突きつけてくれます。解答の鍵となるかもしれない数理モデルを、先輩の篠原修二さん（東京電機大学准教授）が考えています。

八戸工業大学の藤澤隆介さん（現九州工業大学准教授）と永谷直久さん（現京都産業大学准教授）が無償で提供してくれた移動補償装置「ＡＮＴＡＭ」を使って、ダンゴムシに無限に広い平面を歩かせる実験も実施しました。この装置では、ダンゴムシは「球状のルームランナー」の上を走っているような状態になります。本研究室の深井健太郎くん（現情報系コンサル会社社員）は、このようなずっと壁がない状況でも、交替性転向反応は観察されるのかどうかを調べました。交替性転向反応は、理論上、壁がなくても現れることが知られていて、確かに、ダンゴムシを広い床の上に放すと、最初のうちはジグザグに歩行します。しかし、しばらくすると、ほぼ直線的に歩くようになります。さて、ＡＮＴＡＭで約30分間歩かされたダンゴムシの移動軌跡を調べると、彼らはジグザグではなく、ぐるぐると渦を巻くように歩いたことがわかりました。これは反復性転向反応と呼ばれる行動です。加えて、新たな発見がありました。ダンゴムシは、確かに渦巻き状に歩くのですが、その様子を拡大して眺めると、歩きながら体を細かく左右に振っていることがわかりました。つまり、細かく交替性転向しながら、大きく見ると、反復性転向していたのです。この行動にはどのような意味があるのか。どのようなメカニズムが働いているのか。そして、多重T字迷路で見られる交替性転向反応とどのような関係があるのか。知りたいことが山ほど出てきました。

そして、「心とはなにか」に関する研究の現状についてです。新書版では、「心とは隠れた活動部位である。そして、それはあらゆる存在に備わる可能性がある」という仮説を提案しました。その後、大学時代からの知り合いで、共同研究者の右田正夫さん（滋賀大学教授）、複雑系科学が専門の園田耕平さん（立命館大学助教）、現代美術作家で、現在東京大学の博士課程でも学ぶ齋藤帆奈さんとともにこの仮説をブラッシュアップし、2020年春に、学術雑誌 Frontiers in Psychology で論文として公表することができました[40]。4年の歳月を費やしました。

このときに、隠れた活動部位は「行動抑制ネットワーク（Behavioral Inhibition Network。略称BIN)」へ名前を変えました。BIN仮説が学術分野で認められたこと。それは、あらゆる存在に心が備わる可能性を科学的に追及する一歩を踏み出すことを許されたことになります。歩みを続けていくには、さらなる力が必要でした。そこで、飯盛元章さん（中央大学兼任講師・哲学）、磯部洋明さん（京都市立芸術大学准教授・宇宙物理学）、井手勇介さん（日本大学准教授・量子ウォーク）、野村慎一郎さん（東北大学准教授・分子ロボティクス）、春名太一さん（東京女子大学准教授・複雑系科学）、平岡雅規さん（高知大学教授・植物生理学）に声をかけ、合計10名からなる「モノの心の研究会」を立ち上げ、勉強会を続けていくことにしました。

毎月の定例研究会では活発な議論が展開されています。2022年には、サントリー文化財団からいただいた助成によって、ロックバランシングアーティストの池西大輔さんを招き、石積みの手ほどきを受けるワークショップを開催することができました。京都の鴨川のほとりで、石を「（池西さんいわく）不自然で美しく」積む作業を通して、確かに、石のBINの可能性を感じることができました。そして、2023年9月から、日本学術振興会科学研究費補助金を受け、植物細胞やRNAを使った人工的なBINを作る研究がスタートします。人工BINはどのような予想外の振る舞いを見せてくれるのでしょうか。そのとき、私はどのような思いを抱くことができるのでしょうか。心のＢＩＮ仮説の可能性を追求する過程で、私はどのように変わっていくのか。気になって、楽しみで、しかたありません。妻と二人の娘たちには、これまでと変わらず、見守ってもらいたいと思います。

そういえば、私たちが提案するＢＩＮの姿は図のとおりです。研究会の園田さんと野村さんが、昨年西表島で開催された小研究会で考案してくださいました。汎心論の哲学者がまだはっきりとはイメージできていない物質の最小構成単位に備わるとされる心のプロトタイプを、私たちはＢＩＮとして思い浮かべています。読者のみなさんも、ふと、心とはなにか、と考えたとき、まずはこの図を思い浮かべてみてはいかがでしょうか。詳しい説明はさておき、抑えられた行動はいつでも解放されうる様子が表現されています。

文庫化しませんかと声をかけてくださった、山と溪谷社・自然図書出版部の手塚海香さんに感謝いたします。

２０２３年９月

森山徹

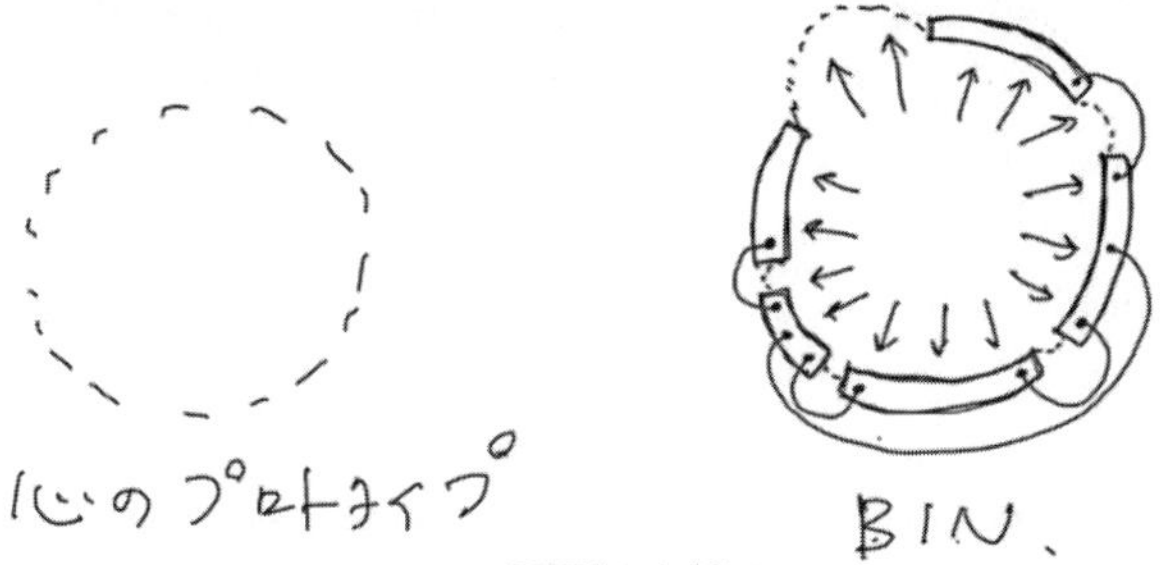

©2022 Sonoda & Nomura

例えば皆さんが本を読むとき、走ったり食べたりする行動は抑制されています。そのような多くの抑制された行動は、図の矢印のように常に出番をうかがっていますが、同図にあるゆるくつながった殻、「BIN（行動抑制ネットワーク）」が柔軟になだめています。一方、BINはときおり殻をゆるめ、抑制すべき行動を同図の点線のように表へ出してやります。本を読んでいるとき突如走り出すあなたはちょっと変な人です。一方、その様子は創造的とも言えます。このような「わからなさ」「創造性」の源泉こそ、心なのではないでしょうか。

る，大集団に従わない小集団の動物行動学的意味．日本甲殻類学会第 46 回大会講演要旨集，pp 32, 2008.
[38] Takeda S, Murai M. Microhabitat Use by the Soldier Crab Mictyris Brevidactrylus : Interchangeabillity of Surface and Subsurface Feeding Though Burrow Structure Alternation. *Journal of Crustacean Biology*, 24, 327-339, 2004.
[39] 飯塚浩二郎，森山徹，松井俊憲，榎本洸一郎，戸田真志，郡司幸夫．動物とロボットが紡ぎ出す創発　兵隊ガニとロボットは社会を作れるか．日本ロボット学会誌，28, 30-32, 2010.
[40] Moriyama T, Sonoda K, Saito H, Migita M. Mind as a behavioral inhibition network. *Frontiers in Psycology*, 11 : 832, 2020.

本書は2011年4月に発刊された『ダンゴムシに心はあるのか　新しい心の科学』（PHPサイエンス・ワールド新書）を再編集の上、文庫化したものです。

原本企画協力　江渕真人（コーエン企画）
装丁　藤塚尚子（e to kumi）
DTP　株式会社 千秋社
文庫版編集　手塚海香（山と溪谷社）

[25] Moriyama T, Takeda T. Exploration of Environment by Antennae Wearing Wearing Teflon Tubes in Pill Bugs. In : Cummins-Sebree S, Riley M, Shockley K eds. *Studies in Pereception and Action IX*, Lawrence Erlbaum Associates, pp 50-52, 2007.
[26] Moriyama T. Estimation of Cliff Depth with Reference to Length of Antennae in Pill Bugs. *Conference Volume of Sensors and Sensing in Biology and Engineering*, pp 92-94, 2008.
[27] 松野浩枝．オカダンゴムシにおける球形化解除の個別性に関する研究．公立はこだて未来大学卒業論文，2008.

第三章

[28] Baerends G P. On the Life-history of *Ammophila campestris Jur. Proc K Ned Akad Wet Amsterdam*, 44, 483-488, 1941.
[29] Tinbergen N. *The Study of Instinct*. Clarendon Press, 1951.
[30] Ewert J P. *Neuroethology : An Introduction to the Neurophysiological Fundamentals of Behaviour*. Springer-Verlag, 1982.
[31] 石川正樹．私信．

第四章

[32] Moriyama T, Migita M, Maruyama S, Mishima H, Furuyama N. What is animal intelligence? The ability to generate novel adaptive behavior in human being and bonhuman animals. *Symposium #1 at 15th Biennial Scientific Meeting of the International Society for Comparative Psychology*, May 19 to 21, 2010.
[33] Wells M J. *Octopus : Physioloy and Behavior of an Advanced* Invertebrate. Chapman & Hall, 1978.
[34] Moriyama T, Gunji Y P. Autonomous Learning in Octopus. *Ethology*, 103, 499-513, 1997.
[35] Fiorito G, Scotto P. Observational Learning in Octopus vulgaris. *Science*, 545-547, 1992.
[36] 山口隆男．ミナミコメツキガニの生態（予報）．ベントス研連誌，11/12, 1-13, 1976.
[37] 森山徹，上島智也，加藤竜一．ミナミコメツキガニにおけ

Movements. *Animal Learning and Behavior*, 13, 253-260, 1985.
[11] 渡辺宗孝, 岩田清二. ダンゴムシにおける交替性転向反応. 動物心理学年報, 6, 75-81, 1956.
[12] Zipf G K. *Human Behavior and the Principle of Least Effort*. Addison-Wesley Press, 1949.
[13] 右田正夫, 森山徹. 動物行動における擬合理性のモデル化: オカダンゴムシの交替性転向反応における認知的側面のシミュレーション. 認知科学, 12, 207-220, 2005.
[14] 山口剛. アリは泳ぐ. 第 20 回日本動物行動学会 ビデオ・スライド映像発表, 2001.
[15] Moriyama T. Anticipatory Behavior in Animals, In Dubois D M ed. *Computing Anticipatory Systems*, American Institute of Physics, pp 121-129, 1999.
[16] Moriyama T, Decision-making and Turn Alternation in Pill Bugs. *International Journal of Comparative Psychology*, 12, 153-170, 1999.
[17] Takeda N. The Aggregation Pheromone of Some Terrestrial Isopod Crustaceans, *Experimentia*, 36, 1296-1297, 1980.
[18] Moriyama T, Kojima T, Sakuma M. Active Antennal Searching Suggesting Anticipatory Capability in Pill Bugs. *International Journal of Computing Anticipatory Systems*, 21, 37-44, 2008.
[19] 森山徹, Riabov V B, 右田正夫, オカダンゴムシにおける状況に応じた行動の発現. 認知科学, 12, 188-206, 2005.
[20] 日本認知科学会（編）認知科学辞典, 共立出版, pp 601, 2002.
[21] アイゼンク M W（編）野島久雄, 重野純, 半田智久訳. 認知心理学事典, 新曜社, 1998.
[22] Moriyama T. Problem Solving and Autonomous Behavior in Pill Bugs. *Ecological Psychology*, 16, 287-302, 2004.
[23] Kitabayashi N, Kusunoki Y Gunji Y P. The Emergent of the Concept of a Tool in Food-Retrieving Bchavior of the Ants *Formica japonica Motschulsky*. *BioSystems*, 50, 143-156, 1999.
[24] 篠原修二. オカヤドカリの殻交換における交換媒体の萌芽, 信学技報, AI2000-61, 31-36, 2003.

参考文献

第一章

[1] 横川沙里，森山徹，塚原保夫，味と視覚刺激との不一致の経験が後続する水の味に与える影響．日本味と匂学会誌, 12, 569-572, 2005.

[2] Moriyama T, Yokokawa S, Tsukahara Y, Failure in Anticipation and Plasticity in Perception of Taste. In : Dubois D M ed. *Computing Antisipatory Systems,* American Institute of Physics, pp 480-487, 2006.

第二章

[3] 湯本勝洋，市民参加による茨城県産陸生等脚甲殻類の生息調査．茨城県自然博物館研究報告，9, 19-24, 2006.

[4] 渡辺弘之．土壌動物の世界．東海大学出版，pp 70-81, 2002.

[5] 加藤竜一，森山徹．オオグソクムシのプラスティック管内での行動．日本甲殻類学会第46回大会議演要旨集，pp 19, 2008.

[6] 寺田美奈子，大島康行．オカダンゴムシ実験個体群の成長と窒素収支について（予報)．早稲田大学教育学部学術研究―生物・地学篇，19, 17-34, 1970.

[7] 晃華学園高等学校科学同好会. ニンジンを好むワラジムシ. 神奈川大学広報委員会全国高校生理科・科学論文大賞専門委員会（編)，未来の科学者との対話V　第5回神奈川大学全国高校生理科・科学論文大賞受賞作品集，日刊工業新聞社，pp 126-161, 2007.

[8] Kupfermann I. Turn Alternation in the Pill Bug (*Armadillidium unlgare*). *Animal Behavior,* 14, 68-72, 1966.

[9] 小野知洋，高木百合香．オカダンゴムシの交替性転向反応とその逃避行動としての意味．日本応用動物昆虫学会誌, 50, 325-330, 2006.

[10] Hughcs R N. Mechanisms for Turn Alternation in Woodlice (*pocellio scaber*), The role of Bilaterally Asymmetrical Leg

ダンゴムシに心はあるのか　新しい心の科学

二〇二三年一〇月五日　初版第一刷発行

著　者　森山　徹
発行人　川崎深雪
発行所　株式会社　山と溪谷社
郵便番号　一〇一―〇〇五一
東京都千代田区神田神保町一丁目一〇五番地
https://www.yamakei.co.jp/

■乱丁・落丁、及び内容に関するお問合せ先
山と溪谷社自動応答サービス　電話〇三―六七四四―一九〇〇
受付時間／十一時～十六時（土日、祝日を除く）
メールもご利用ください。【乱丁・落丁】service@yamakei.co.jp
【内容】info@yamakei.co.jp
■書店・取次様からのご注文先
山と溪谷社受注センター　電話〇四八―四五八―三四五五
ファクス〇四八―四二一―〇五一三
■書店・取次様からのご注文以外のお問合せ先 eigyo@yamakei.co.jp

フォーマット・デザイン 岡本一宣デザイン事務所
印刷・製本　大日本印刷株式会社

＊定価はカバーに表示しております。

Printed in Japan ISBN 978-4-635-04970-2